空間認識力を伸ばすトレーニングを始めよう。

スポーツが上手になるためには，
毎日のトレーニングが欠かせません。
計算だって，漢字だって，
毎日少しずつでもやっている子の方が，速く正確にできます。
ものごとが上手になるためには，トレーニングが必要なのです。
空間認識力を伸ばすこともこれと同じで，
日々，物の位置，方向，大きさ，形を考えることからしか身につきません。
短期間で集中して身につけられるものではないのです。

この問題集は，さまざまな種類の問題に挑戦して，
考えることのトレーニングを続けることで，

> 考えることの楽しさがわかり
> 考えることが好きになり
> 空間認識力が伸びる

ように作られています。

適性検査や私立入試でも，
空間認識力の必要な問題が出題されます。
この力を伸ばしておくと，入試でもいい結果が
出せるようになります。

JN242786

さあ，今日から
空間認識力を伸ばす
トレーニングを始めましょう。

この本の概要

この本は，空間認識力を伸ばすことに特化した問題集です。算数・数学思考力検定で使用された問題を厳選して出題するとともに，新作の問題も多く出題しています。

この本は，級別になっています。使用する学年の目安を右に示してありますので，問題のレベルが合っていないときは，レベルに合った級からご使用ください。

この本の級	使用する学年の目安
6級	小6
7級	小5
8級	小4
9級	小3
10級	小1，小2

仕組みと使い方

●この本は，簡単な問題から難しい問題へと，3つのステージに分かれています。
3つのステージは，それぞれ30問です。
・ステージ②は，実際の算数・数学思考力検定で出題された問題です。正答率の高かったものから順に出題しています。
・ステージ①は，ステージ②の問題を解くための空間認識力を身につける基本的な問題です。
・ステージ③は，ステージ②で身につけた空間認識力の応用問題で，難易度順に出題しています。

●最後にチャレンジ問題が10問あります。
チャレンジ問題では，今までに学習した内容が定着しているかどうかの確認を行います。また，上位級につながる問題にも取り組むことができます。

この本の仕組み

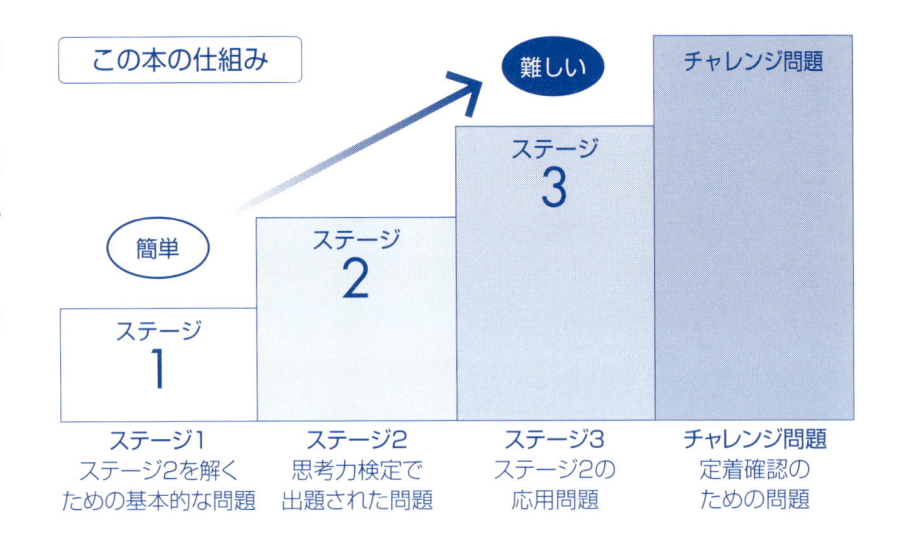

ステージ1	ステージ2	ステージ3	チャレンジ問題
ステージ2を解くための基本的な問題	思考力検定で出題された問題	ステージ2の応用問題	定着確認のための問題

●この本では，空間認識力を3つの観点で捉えて出題しています。
図形の内容からは，2つの観点で出題しています。

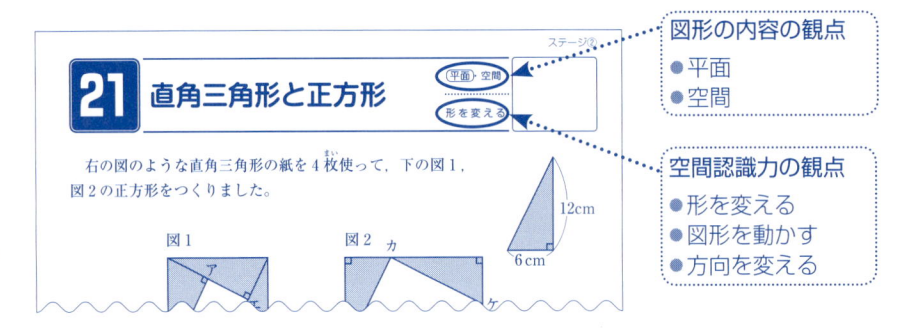

図形の内容の観点
●平面
●空間

空間認識力の観点
●形を変える
●図形を動かす
●方向を変える

●解答解説
すべての問題に詳しい解説をつけてあります。
空間認識力を伸ばすためには，ここに示した解き方の他に，さらに別の解き方がないか考えてみる，ということが大切です。
いろいろな解き方を見つけることを楽しんでくださいね。

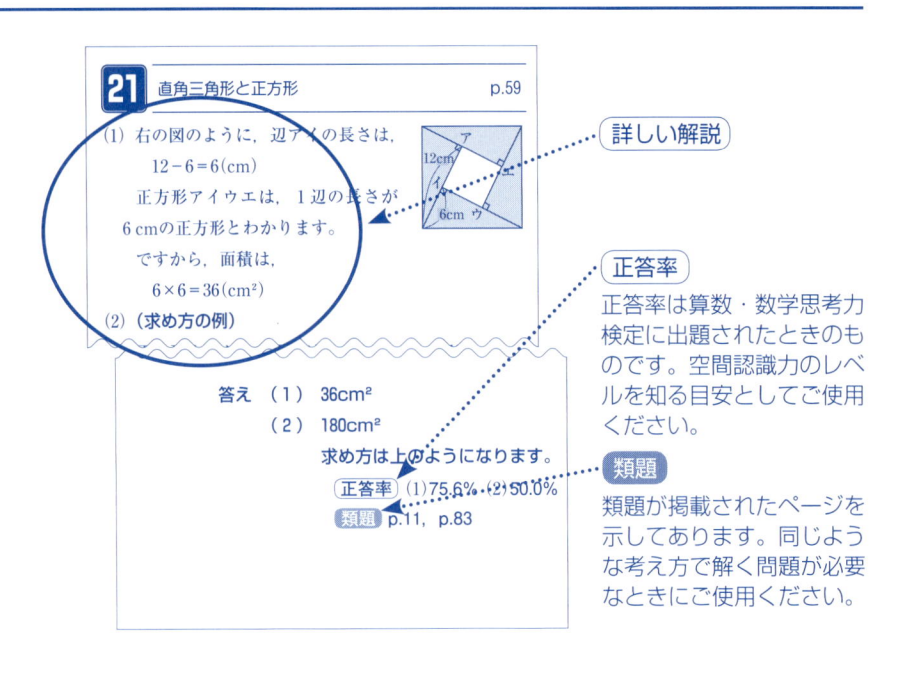

詳しい解説

正答率
正答率は算数・数学思考力検定に出題されたときのものです。空間認識力のレベルを知る目安としてご使用ください。

類題
類題が掲載されたページを示してあります。同じような考え方で解く問題が必要なときにご使用ください。

学習の観点と記録

	問 題	図形の内容		空間認識力			実施日	
		平面	空間	形を変える	図形を動かす	方向を変える		
ステージ1	1 切ってくっつける	○		○			月	日
	2 大きな正方形をつくろう	○		○			月	日
	3 組み合わせると？	○		○			月	日
	4 分けよう	○		○			月	日
	5 カレンダーと正方形	○		○			月	日
	6 箱に入ったボール	○		○			月	日
	7 重なっている部分の面積	○		○			月	日
	8 かげをつけた部分の面積	○		○			月	日
	9 4まいの紙	○		○			月	日
	10 三角形の組み合わせ	○		○			月	日
	11 ぼうと正三角形	○			○		月	日
	12 正方形を切った面積	○				○	月	日
	13 路線図	○				○	月	日
	14 おはじきの数	○			○		月	日
	15 正方形の面積	○				○	月	日
	16 マッチぼう	○			○		月	日
	17 時計のはりと角度	○			○		月	日
	18 点の道すじ	○			○		月	日
	19 反対を向くはり	○			○		月	日
	20 重なる絵は？		○		○		月	日
	21 箱の形をつくろう		○		○		月	日
	22 さいころのてん開図		○			○	月	日
	23 もようをかいた立方体		○			○	月	日
	24 箱のてん開図		○			○	月	日
	25 さいころ		○			○	月	日
	26 はり合わせたさいころ		○			○	月	日
	27 積み重ねた積み木		○			○	月	日
	28 ⬡は何個？		○			○	月	日
	29 積み木の色ぬり		○			○	月	日
	30 立方体に色をぬろう		○			○	月	日
ステージ2	1 大きな正方形をつくろう	○		○			月	日
	2 さいころのてん開図		○	○			月	日
	3 切ってくっつける	○		○			月	日
	4 箱のてん開図		○	○			月	日
	5 箱に入ったボール	○		○			月	日
	6 マッチぼうと正方形	○			○		月	日
	7 重なっている部分の面積	○		○			月	日
	8 分けよう	○		○			月	日
	9 組み合わせると？	○		○			月	日
	10 重なる数字は		○		○		月	日
	11 カレンダーと正方形	○		○			月	日
	12 三角形の組み合わせ	○		○			月	日
	13 かげの面積	○				○	月	日
	14 かげをつけた部分の面積	○		○			月	日
	15 4まいの紙	○		○			月	日
	16 マッチぼう①	○			○		月	日
	17 さいころ		○			○	月	日
	18 正方形の面積	○				○	月	日
	19 路線図	○				○	月	日
	20 色をぬった立方体		○	○			月	日

	問題	図形の内容		空間認識力			実施日	
		平面	空間	形を変える	図形を動かす	方向を変える		
ステージ 2	21 箱の形をつくろう		○	○			月	日
	22 はり合わせたさいころ		○			○	月	日
	23 マッチぼう②	○			○		月	日
	24 立方体に色をぬろう		○			○	月	日
	25 □は何個？		○			○	月	日
	26 点の道すじ	○			○		月	日
	27 直角になるはり	○			○		月	日
	28 積み木の色ぬり		○			○	月	日
	29 積み重ねた積み木		○			○	月	日
	30 時計のはりと角度	○			○		月	日

	問題	平面	空間	形を変える	図形を動かす	方向を変える	実施日	
ステージ 3	1 切ってくっつける	○		○			月	日
	2 正三角形のわくに入ったボール	○		○			月	日
	3 マッチぼう	○			○		月	日
	4 4まいの紙	○		○			月	日
	5 かげの面積	○				○	月	日
	6 重なっている部分の面積	○		○			月	日
	7 カレンダーと正方形	○		○			月	日
	8 四角形の面積	○				○	月	日
	9 折り紙を切り取った図形	○		○			月	日
	10 さいころ		○			○	月	日
	11 かげをつけた部分の面積	○		○			月	日
	12 分けよう	○		○			月	日
	13 マッチぼうと六角形	○			○		月	日
	14 組み合わせると？	○		○			月	日
	15 さいころのてん開図		○			○	月	日
	16 時計のはりと角度	○			○		月	日
	17 三角形の組み合わせ	○		○			月	日
	18 積み木の色ぬり		○			○	月	日
	19 おはじき	○			○		月	日
	20 もようをかいた立方体		○			○	月	日
	21 箱のてん開図		○			○	月	日
	22 路線図	○				○	月	日
	23 点の道すじ	○			○		月	日
	24 積み重ねた積み木		○			○	月	日
	25 重なる図形は？		○		○		月	日
	26 立方体に色をぬろう		○			○	月	日
	27 箱の形をつくろう		○		○		月	日
	28 はり合わせたさいころ		○			○	月	日
	29 □は何個？		○			○	月	日
	30 時計のはりの角度	○			○		月	日

	問題	平面	空間	形を変える	図形を動かす	方向を変える	実施日	
チャレンジ	1 4まいの紙	○		○			月	日
	2 組み合わせると？	○		○			月	日
	3 三角形の組み合わせ	○		○			月	日
	4 長方形と正方形	○		○			月	日
	5 市松もよう	○		○			月	日
	6 3人の家の間のきょり	○		○			月	日
	7 正方形の面積	○		○			月	日
	8 立方体の色ぬり		○			○	月	日
	9 直角三角形をつくろう	○		○			月	日
	10 さいころを転がす		○			○	月	日

ステージ①

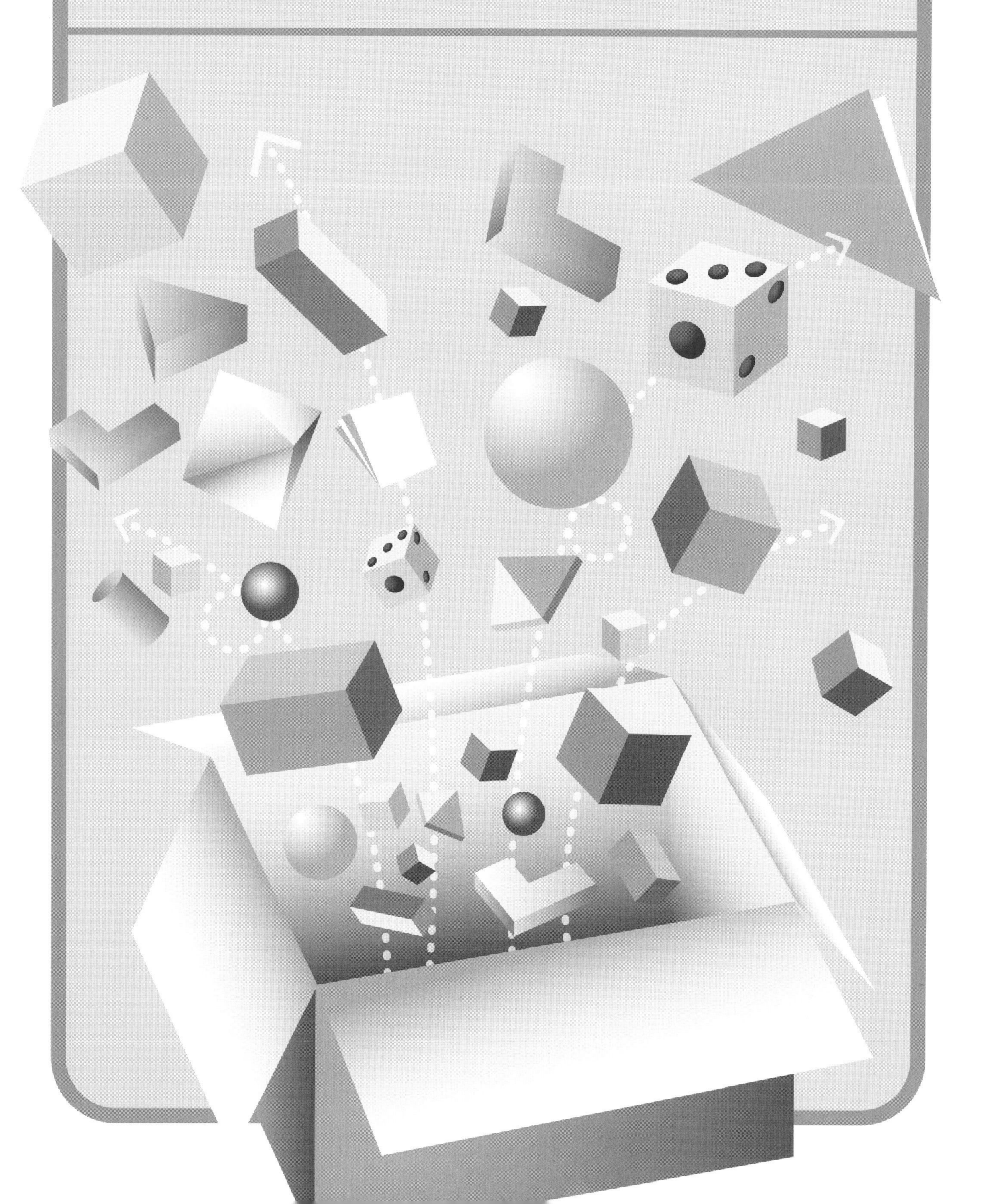

1 切ってくっつける

　下の(例)のように，図形を1つの直線で2つに分け，切りはなしたところを動かして正方形をつくります。

(例)
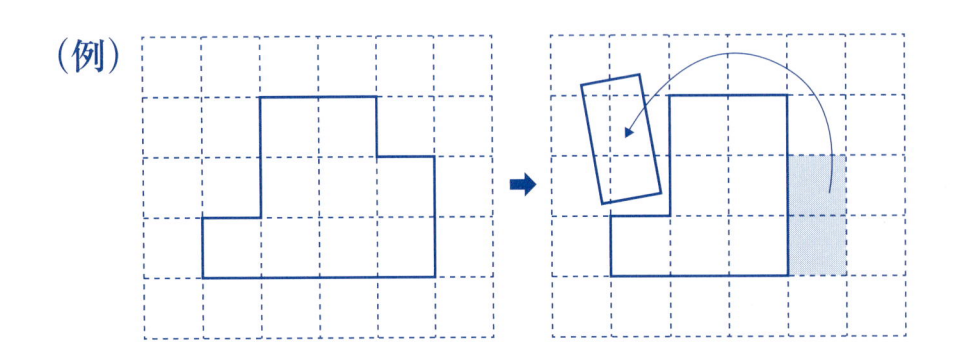

　次の(1)～(3)の図形を，それぞれ1つの直線で切りはなして正方形をつくるには，どこを切ればよいですか。それぞれの図に直線をかき入れなさい。

(1)
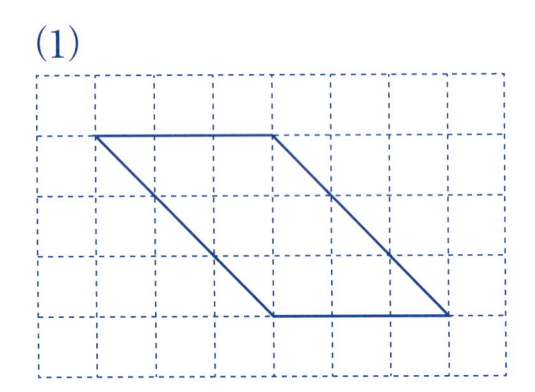

(2)
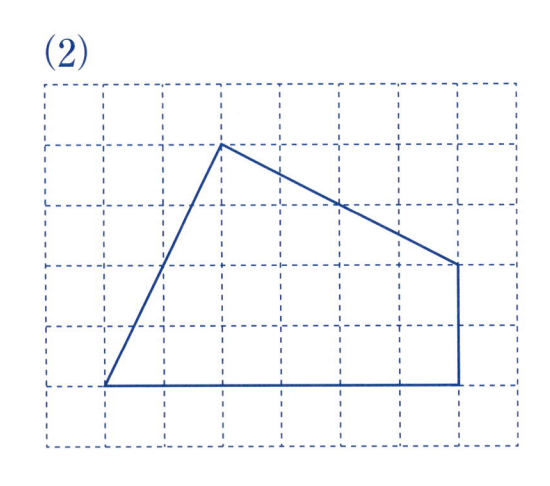

(3)
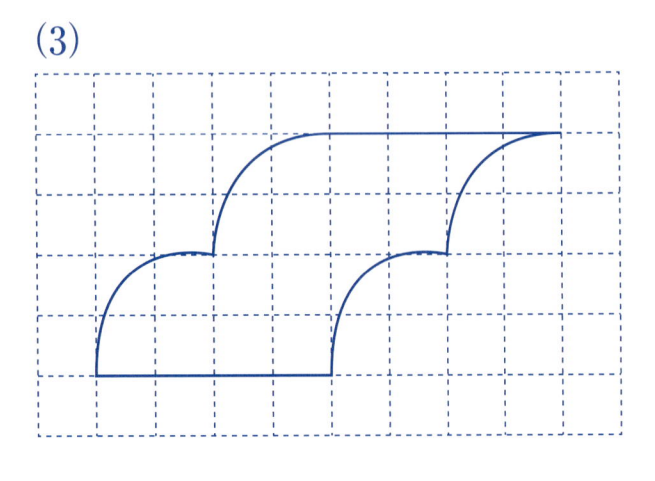

大きな正方形をつくろう

平面・空間

形を変える

　下の図1のような，小さい正方形25個でできた大きい正方形があります。この大きい正方形と同じものを，小さい正方形5個でできた図形5つを組み合わせてつくります。

　2つの図形が，図2のように入っているとき，残りの部分に下の⑂〜⑨の図形をどのようにして組み合わせれば大きい正方形がつくれますか。右の(例)にならって，組み合わせ方を図2に太い線でかき入れなさい。ただし，⑂〜⑨の図形は，向きを変えたり，うら返したりすることができるものとします。

(例)

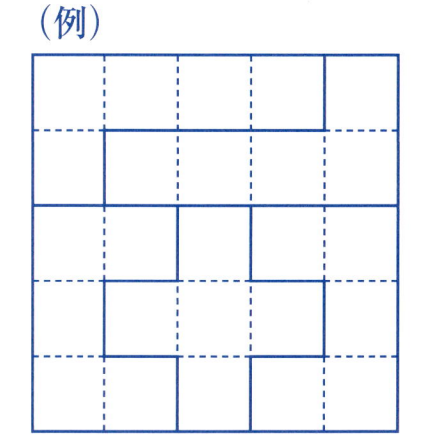

図1　　　　図2

⑂　　　　　⑂　　　　　⑨

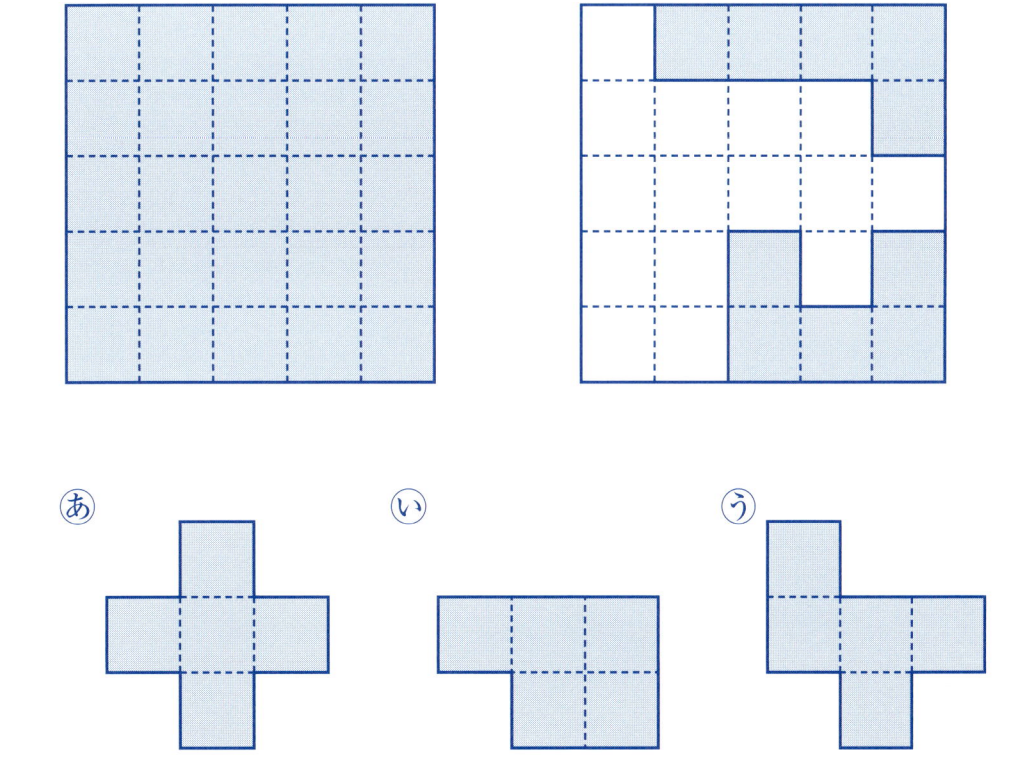

3 組み合わせると？

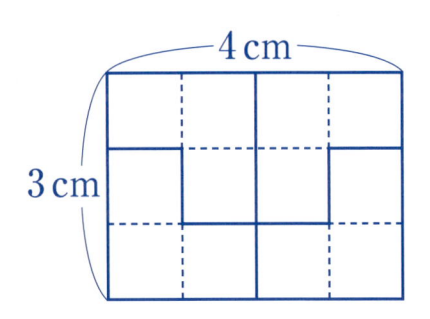

たて 3 cm，横 4 cm の長方形を，右の図のように，4つの同じ形に切り分けます。

この4つの形を組み合わせて下の図形をつくるにはどのように組み合わせればよいですか。（例）にならって組み合わせ方を下の図に太い線でかき入れなさい。ただし，切り分けた形は，回してもかまいません。

（例）

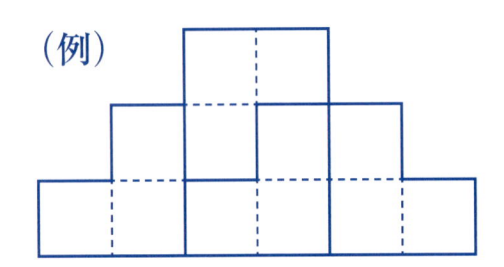

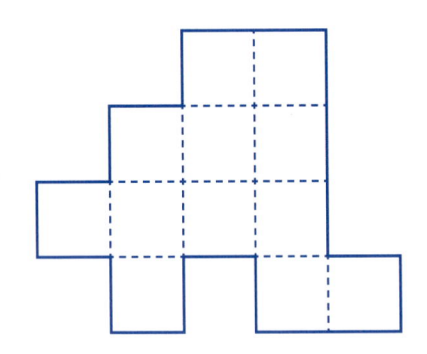

4 分けよう

平面・空間

形を変える

　下の図を点線にそって４つの部分に分けます。どの区切りの中にも４種類の形が１つずつ入るように，太い線で区切りなさい。

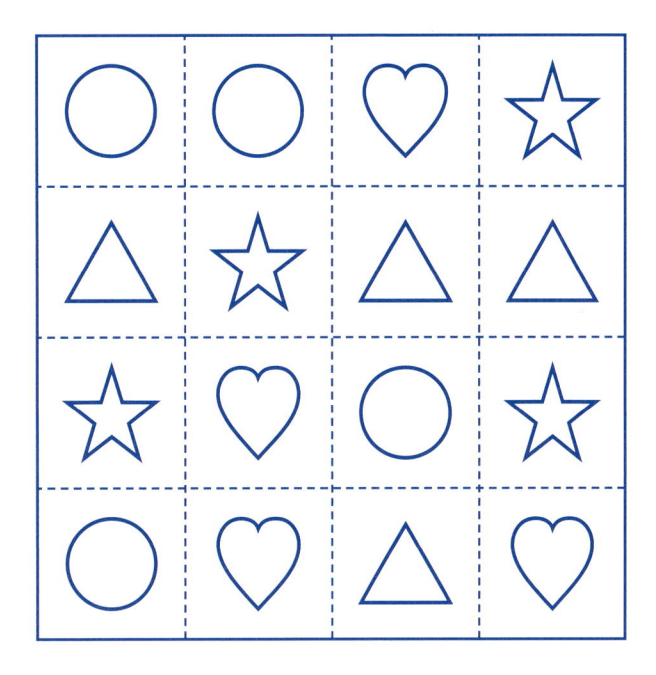

 カレンダーと正方形

　右のように，ある年の4月のカレンダーの数字は，1マス×1マスの正方形，2マス×2マスの正方形，3マス×3マスの正方形，4マス×4マスの正方形に分けることができます。

　同じように，下のカレンダーを，大きさのちがう4つの正方形に分けることを考えます。右上には2マス×2マスの正方形が太い線で囲まれています。残りの3つの正方形の分け方を，太い線でかき入れなさい。

4月

日	月	火	水	木	金	土
	1	2	3	4	5	6
7	8	9	10	11	12	13
14	15	16	17	18	19	20
21	22	23	24	25	26	27
28	29	30				

1辺が2マス
1辺が1マス
1辺が3マス
1辺が4マス

11月

日	月	火	水	木	金	土
					1	2
3	4	5	6	7	8	9
10	11	12	13	14	15	16
17	18	19	20	21	22	23
24	25	26	27	28	29	30

6 箱に入ったボール

平面・空間

形を変える

下の図のように，底の面の1辺の長さが48cmの正方形の箱の中に，同じ大きさのボールが16個，すき間なくきちんと入っています。

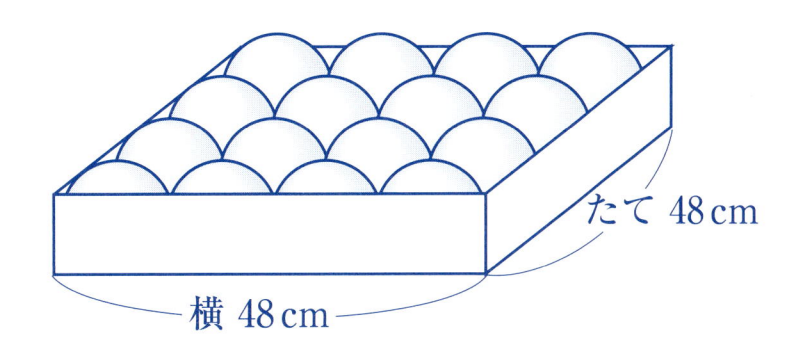

たて 48cm

横 48cm

次の問いに答えなさい。

(1) ボールの直径は何cmですか。

答え

(2) 同じボールをあと4個（合計20個）入るような長方形の箱を用意しました。横の長さが48cmのとき，たての長さは何cmになりますか。

答え

7 重なっている部分の面積

平面・空間
形を変える

　1辺が10cmの2つの正方形を，下の図のように重ねました。重なっている部分あの面積は何cm²ですか。また，求め方もかんたんに書きなさい。
（└ は直角の記号です。）

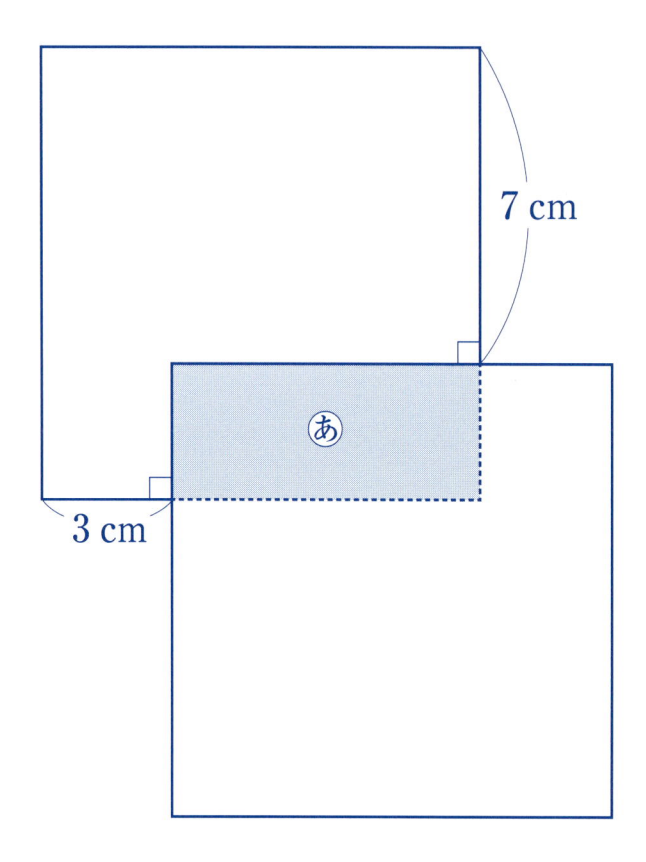

7 cm

3 cm

あ

求め方

答え

 **かげをつけた部分の面積**

平面・空間
··
形を変える

次の㋐～㋒の３つの正方形を組み合わせて，下の(1)，(2)の形をつくりました。それぞれのかげをつけた部分の面積は何cm²ですか。

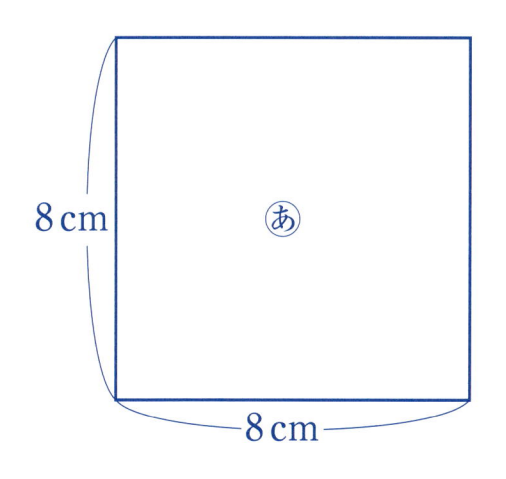

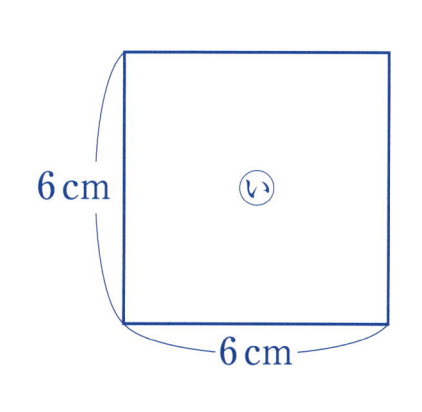

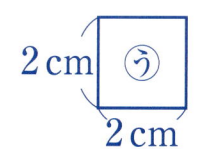

(1) ㋐，㋑を組み合わせた形

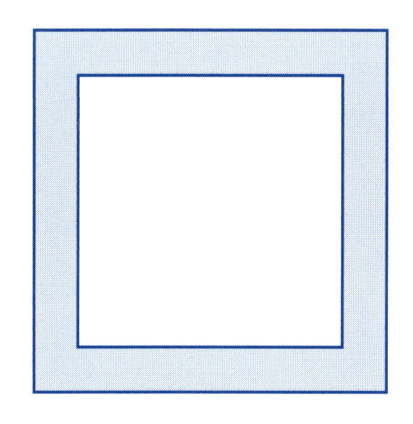

答え

(2) ㋐，㋑，㋒を組み合わせた形

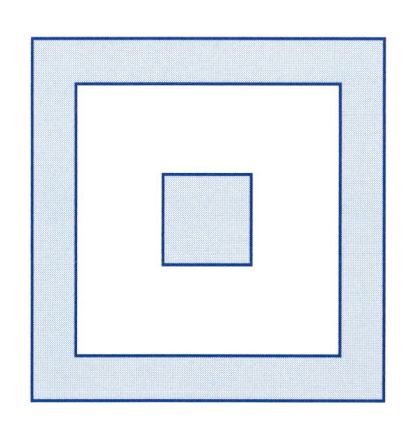

答え

9 4まいの紙

平面・空間

形を変える

たてが8cm，横が2cmの長方形の紙が4まいあります。この4まいの紙を，下の図のように，紙が重ならないようにおいたところ，まん中に正方形のすきま（ななめ線の部分）ができました。この正方形の1辺の長さは何cmですか。

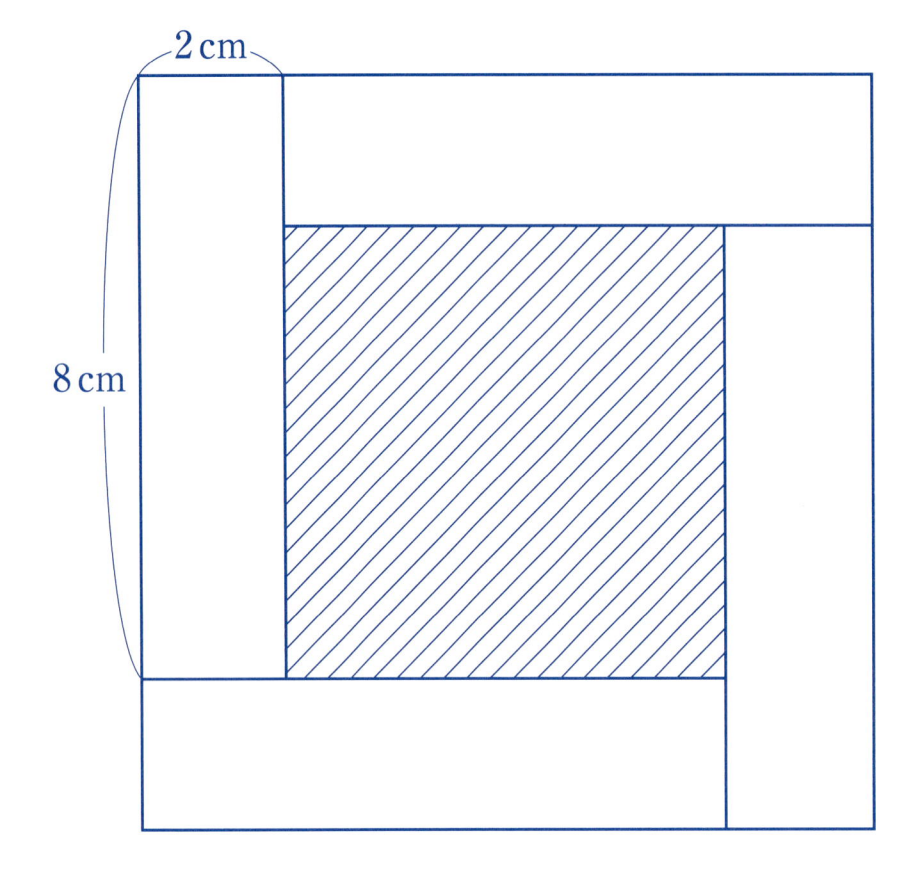

答え

10 三角形の組み合わせ

1 cmの方眼用紙に，右の図のような三角形アをかきました。

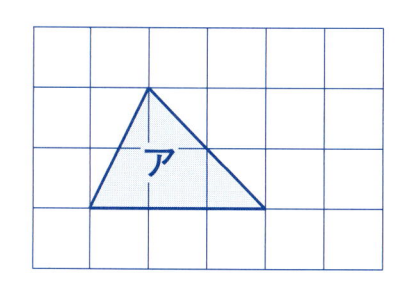

アを右の図のように2つ組み合わせると，平行四辺形ができます。他の組み合わせ方をすると，右の図とはちがう形の平行四辺形を2つつくることができます。その形を下の方眼にかきなさい。ただし，アはうら返してもよいものとします。

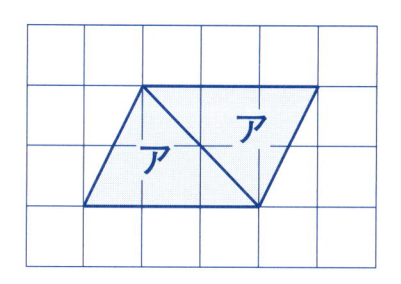

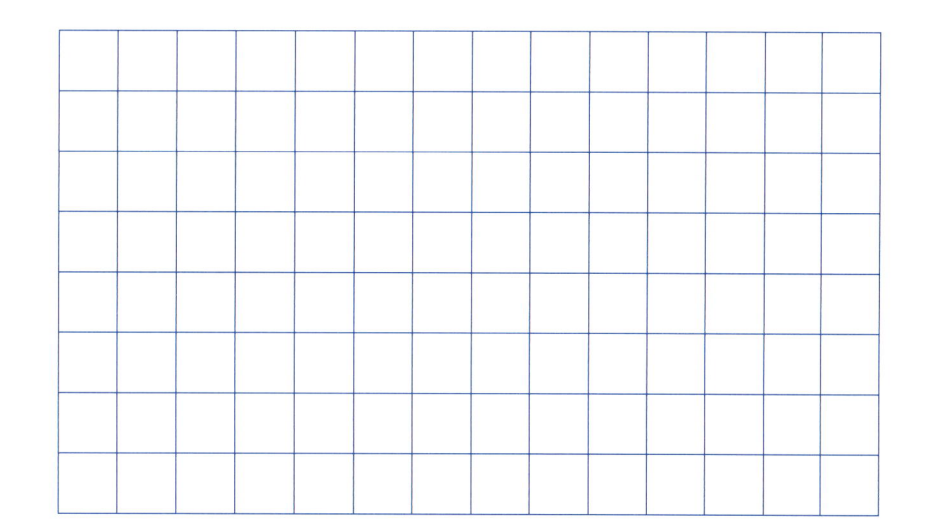

 ぼうと正三角形

平面・空間
....
図形を動かす

下の図のように，同じ長さのぼうをならべて，正三角形をつくっていきます。

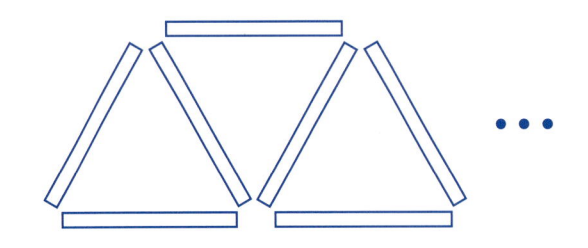

次の問いに答えなさい。

(1) 正三角形を5個つくるには，ぼうは全部で何本必要ですか。

答え

(2) ぼうが25本あるとき，正三角形は何個できますか。

答え

12 正方形を切った面積

平面・空間

方向を変える

　次の(1)～(3)の図のように，同じ大きさの正方形の紙をピッタリくっつけるようにならべて長方形や正方形をつくり，点線の部分を切っていろいろな形をつくります。

　このとき，つくった形の面積は，それぞれ正方形の紙の何まい分の面積になっていますか。

(1)

答え

(2)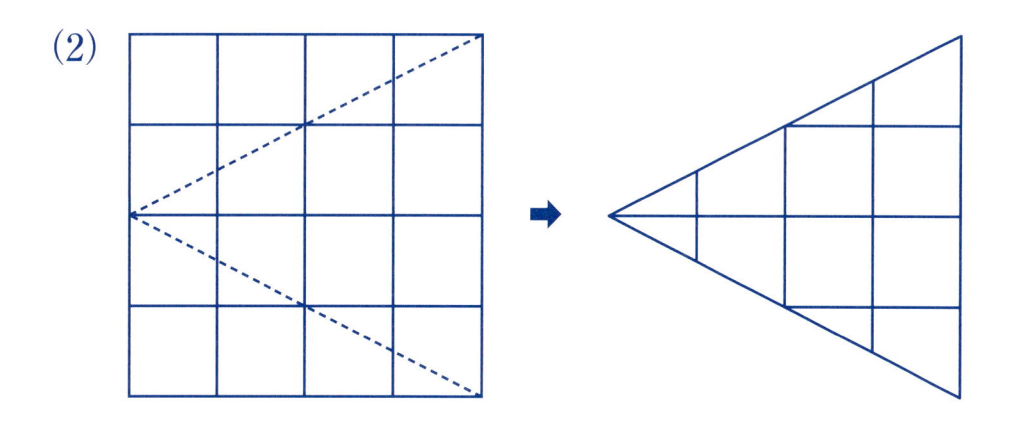

答え

(3)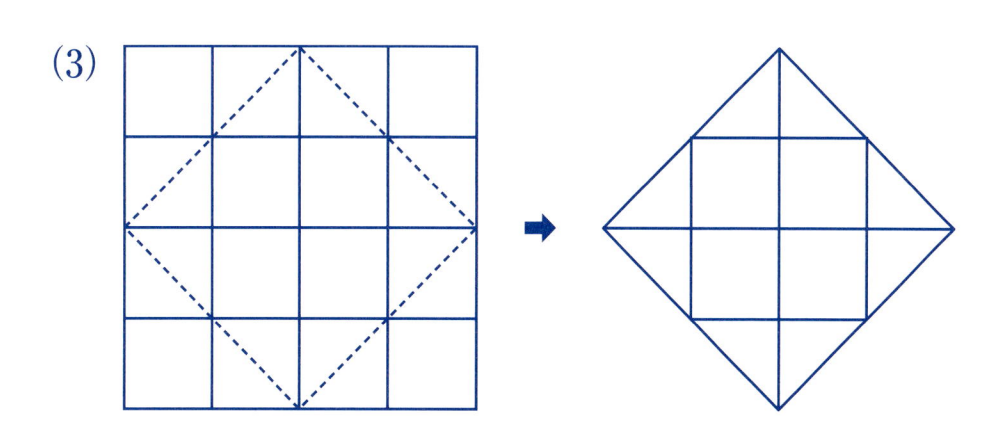

答え

13 路線図

平面・空間

方向を変える

　下の図1のような路線を，図2のように駅を○で，線路を線でかくことを考えます。

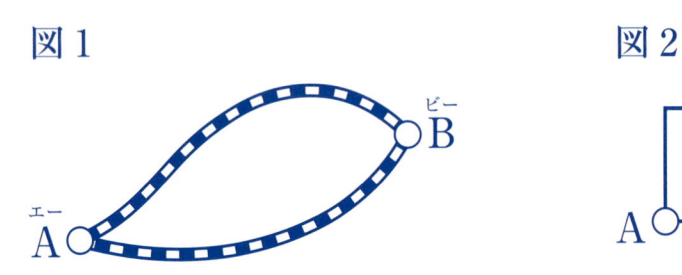

図1　　　　　　　　　　　　図2

　図2のような図のことを，便利図とよぶことにします。

　次の問いに答えなさい。

(1)　下の図3のような路線を便利図でかくと，あ〜えのどれになりますか。
　　1つ選び，記号で答えなさい。

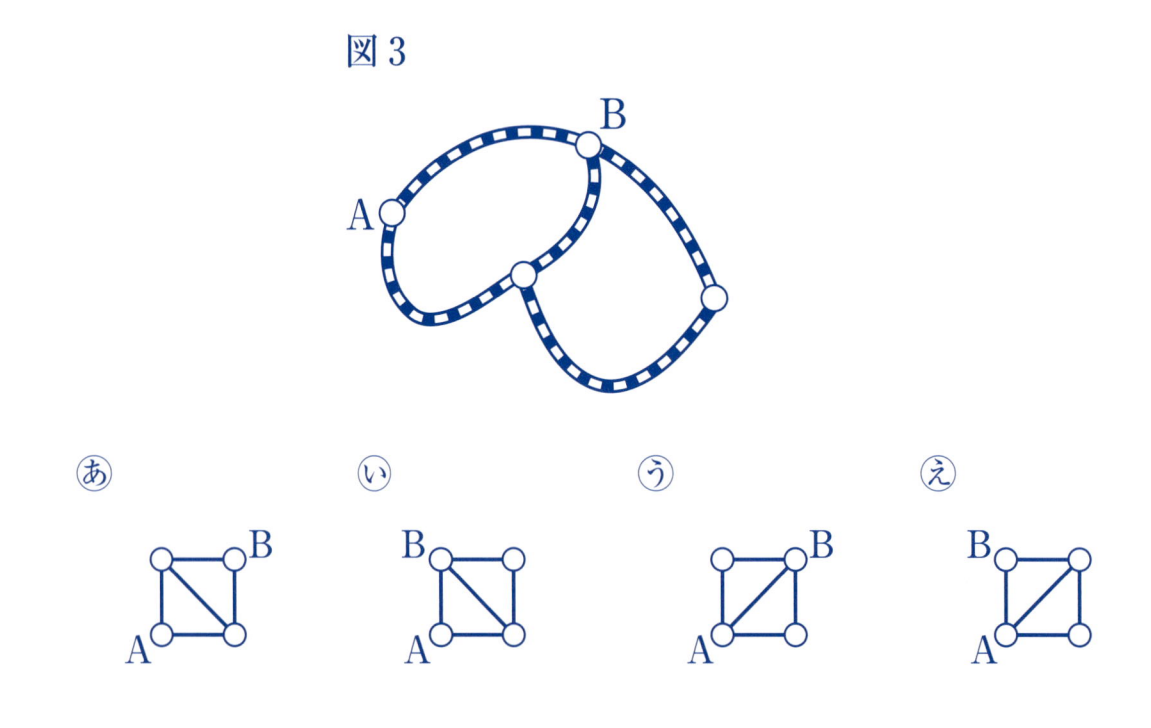

図3

あ　　　　　　い　　　　　　う　　　　　　え

(2) 下の図4のような便利図が表す路線は，あ～えのどれですか。1つ選び，記号で答えなさい。

図4

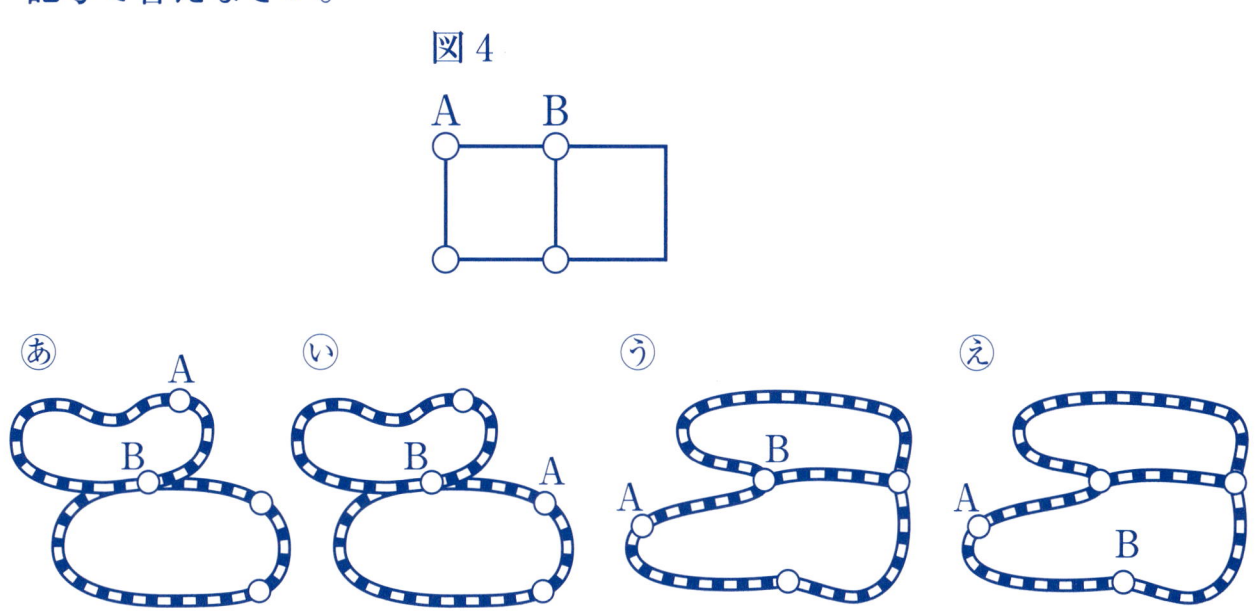

答え

14 おはじきの数

右の図のように，おはじきをならべます。

おはじきは全部で何個ありますか。

また，そのときの求め方を，図を使いながら書きなさい。

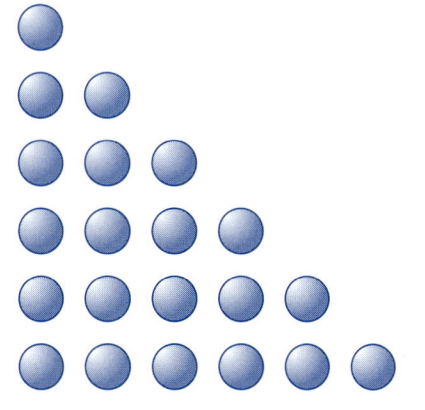

求め方

答え

15 正方形の面積

平面・空間
・・・・・・・・・・・・・・
方向を変える

次の問いに答えなさい。

(1) ⑦，④のかげをつけた部分の面積は何cm²ですか。ただし，方眼の1目もりは1cmです。

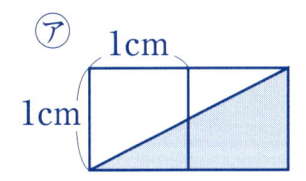

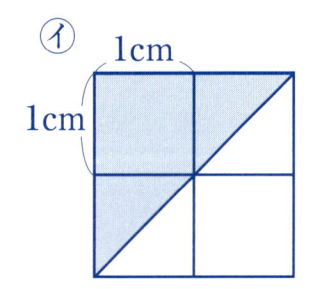

答え　⑦…

　　　④…

(2) ①～④のかげをつけた部分は正方形になっています。この中から，面積が5cm²の正方形を1つ選び，番号で答えなさい。ただし，方眼の1目もりは1cmです。

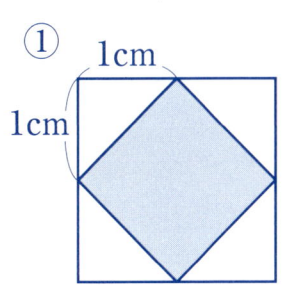

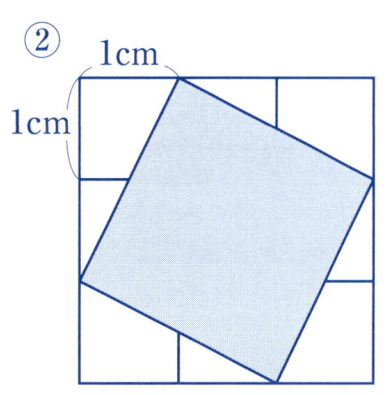

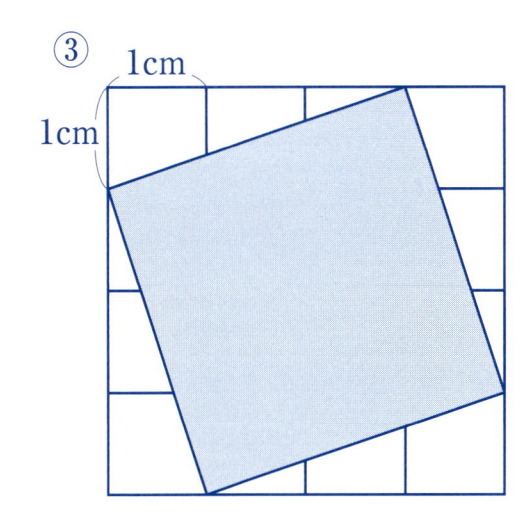

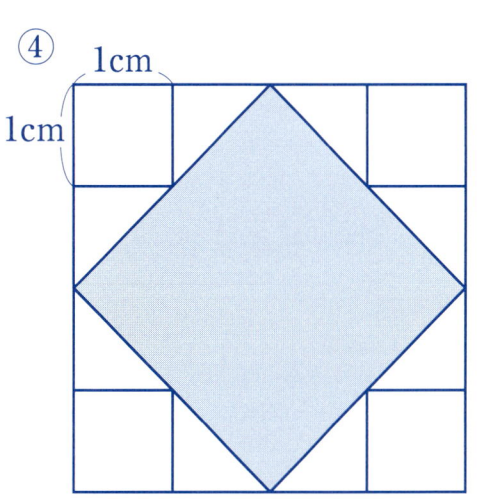

答え

16 マッチぼう

マッチぼうを使って，いろいろな図形をつくります。

次の問いに答えなさい。

(1) 下の図のように，24本のマッチぼうを使って，マッチぼう1本を1辺とする正三角形をならべてつくっていきます。

このとき，正三角形は，全部で何個できますか。

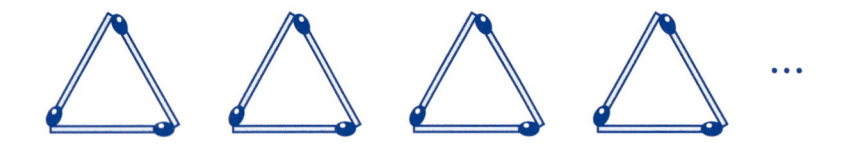

答え

(2) マッチぼう18本を使って，次のような大きな正三角形をつくりました。

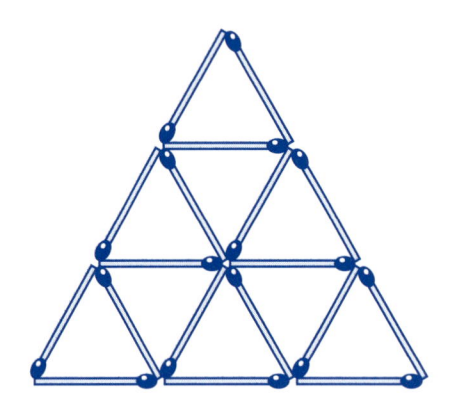

この大きな正三角形の中に，マッチぼう1本を1辺とする正三角形は何個ありますか。

答え

時計のはりと角度

平面・空間

図形を動かす

次の問いに答えなさい。

(1) 右の時計は，9時ちょうどを表しています。
長いはりと短いはりの間の角度㋐は何度ですか。
また，求め方の式も書きなさい。

求め方の式

答え

(2) 長いはりと短いはりは，9時ちょうどから1分たつと角度㋐よりも何度はなれますか。

答え

18 点の道すじ

　下の図のような円があります。円は，はじめにオの位置にあります。

　この円を，折れ線アイウエの上を矢印の方向に転がしていきます。円がカの位置にくるまでに，円の中心はどのような線をえがきますか。下の①〜④の中から１つ選び，番号で答えなさい。

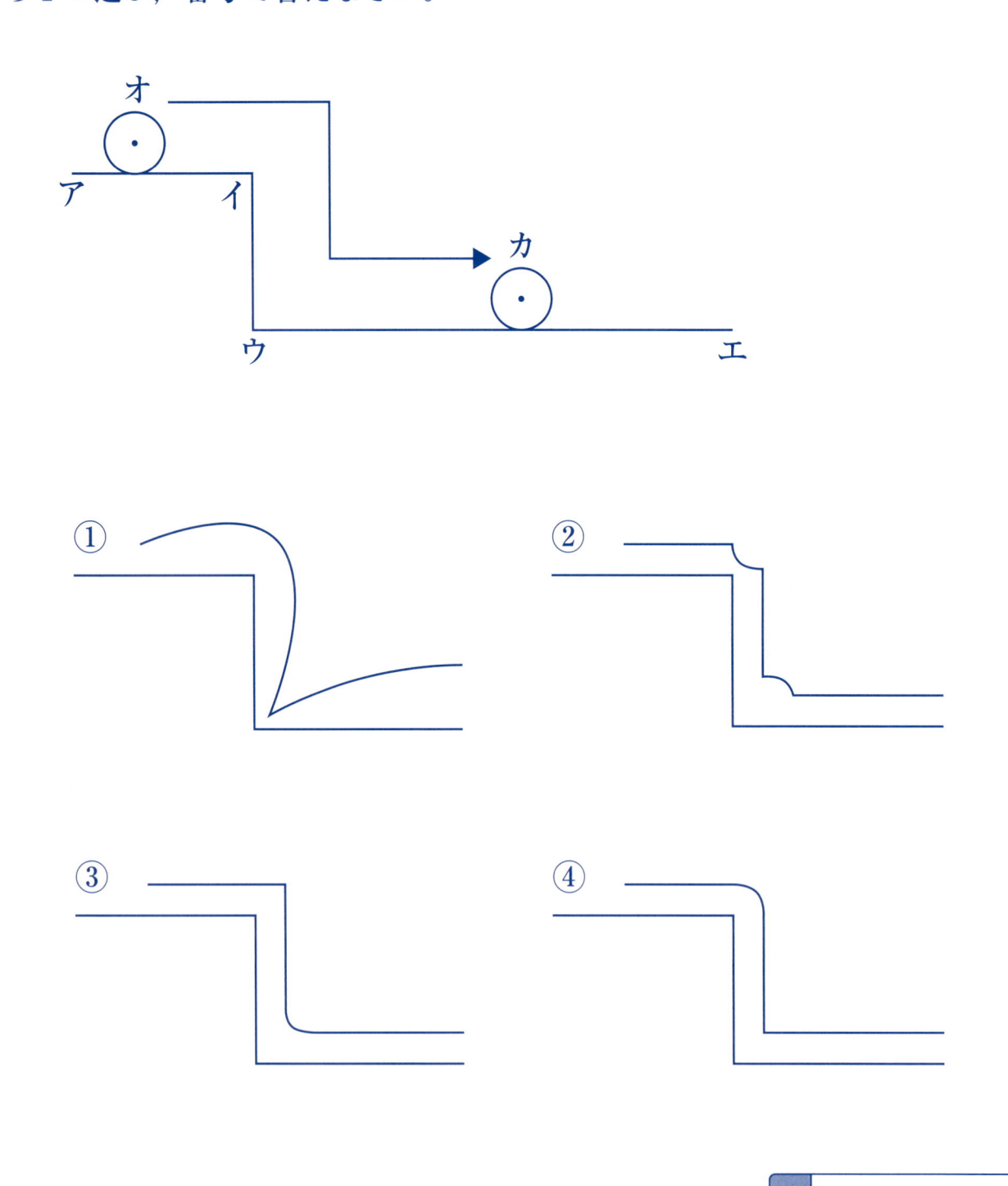

19 反対を向くはり

平面・空間
図形を動かす

次の問いに答えなさい。

(1) 午後2時から午後3時までの間に，時計の長いはりと短いはりがちょうど反対を向くときが1回あります。そのときの長いはりと短いはりが，それぞれどの数字とどの数字の間にあるかがわかるように，だいたいのようすをかきなさい。

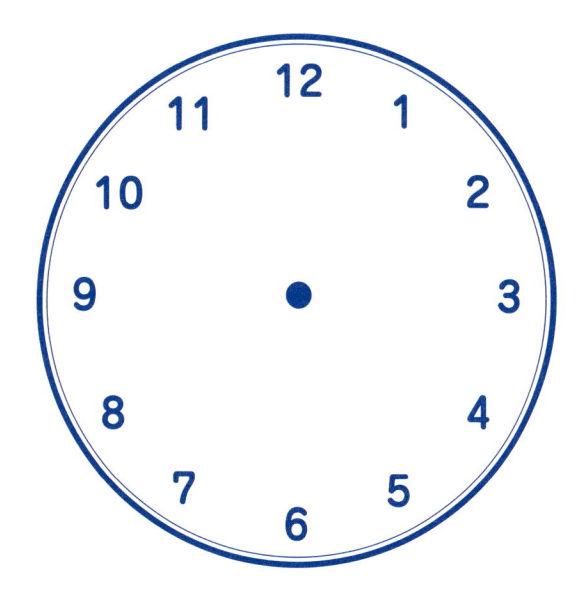

(2) 午後2時から午後5時までの3時間に，時計の長いはりと短いはりがちょうど反対を向くときは何回ありますか。

答え

20 重なる絵は？

平面・空間
....
図形を動かす

下のように，長方形のカードに正方形のマスを横に6個，たてに2個とり，生き物の絵をかきました。

このカードをある線にそって折るとき，次の問いに答えなさい。

(1) 下の図のように2つに折るとき，ウサギと重なる生き物は何ですか。

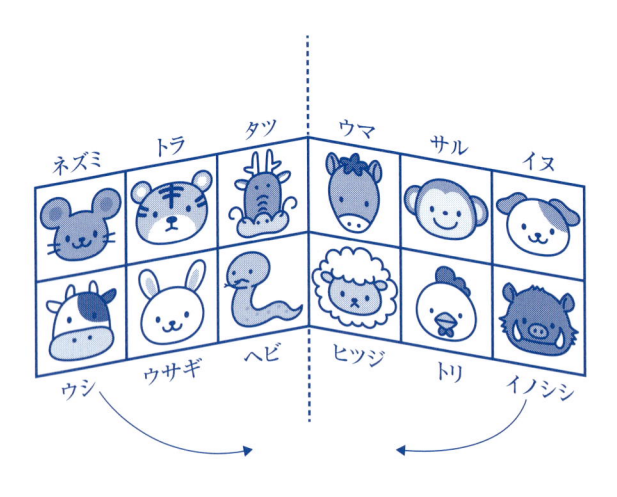

答え

(2) 下の図のように3つに折るとき，ネズミと重なる生き物をすべて答えなさい。

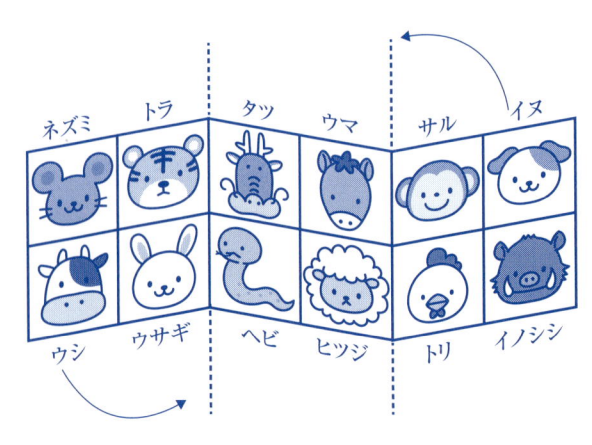

答え

21 箱の形をつくろう

　下の図のように，ひごとねん土玉を使って，さいころを横に何個かつなげた形をつくっていきます。

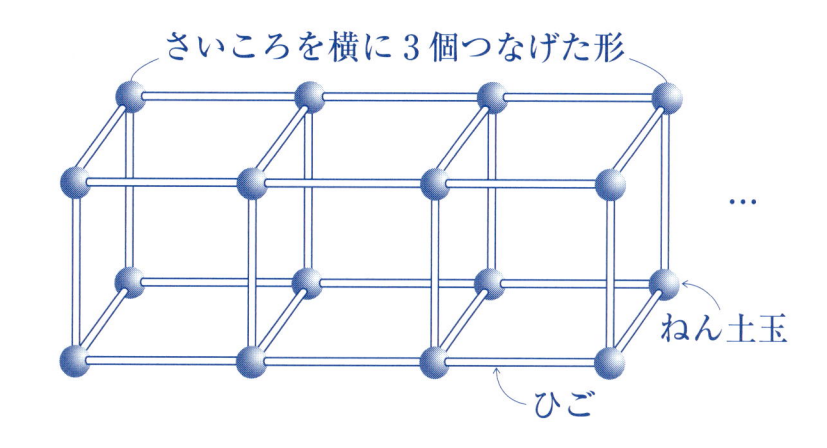

さいころを横に3個つなげた形

ねん土玉

ひご

　次の問いに答えなさい。

(1) さいころ1個の形をつくるとき，ねん土玉は全部で何個使いますか。

答え

(2) さいころの形を1個増やすごとに，ひごとねん土玉はそれぞれいくつ必要ですか。

答え　ひご　　…
　　　ねん土玉…

22 さいころのてん開図

さいころは，上の面に⊡が出ると，下の面は⊞となり，上の面に⸿が出ると，下の面は⸬となるように，向かい合う面の目の数の和は7になります。

下の図は，さいころのてん開図です。

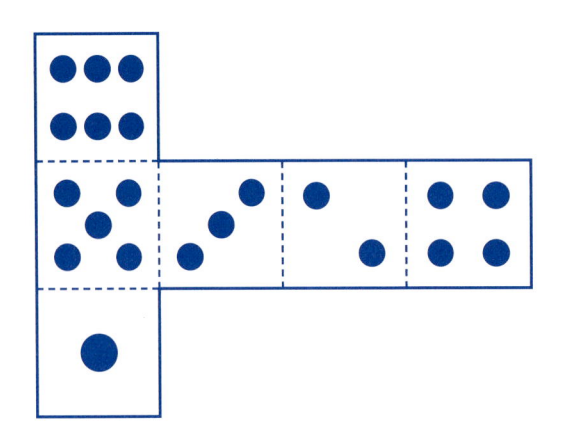

次の(1)，(2)のてん開図で，あいているそれぞれの□に入る目（⊡，⸬）をかき入れなさい。

(1)　　　　　　　　　　　　(2)

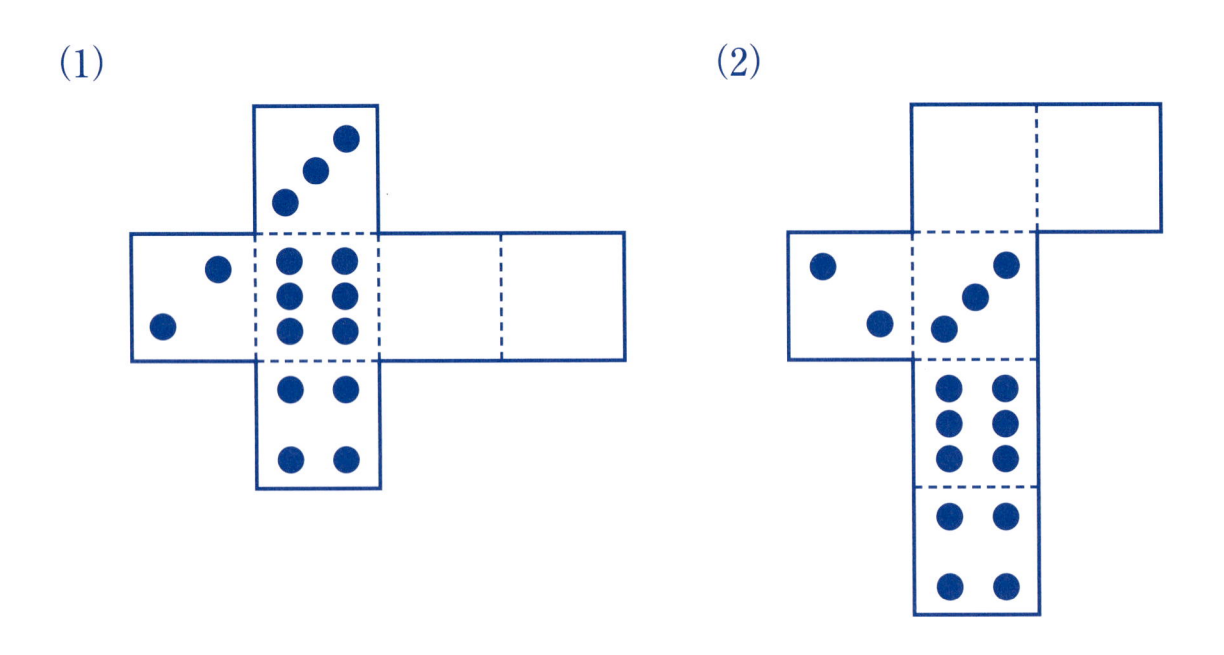

もようをかいた立方体

平面・空間
方向を変える

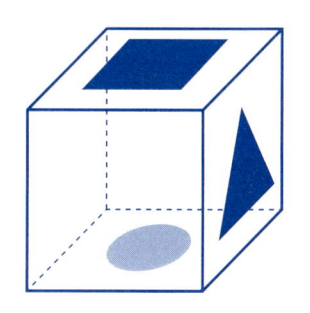

　右の図のような立方体の3つの面の表面に●, ▲, ■がかいてあり, 残りの3つの面には何もかかれていません。

　この立方体を下の(1), (2)のように図形をかいた面が見えるように辺にそって切り開いたとき, それぞれの●がかいてある面に○をかき入れなさい。ただし, 図形の向きは, 右の立方体と同じとは限りません。

(1)

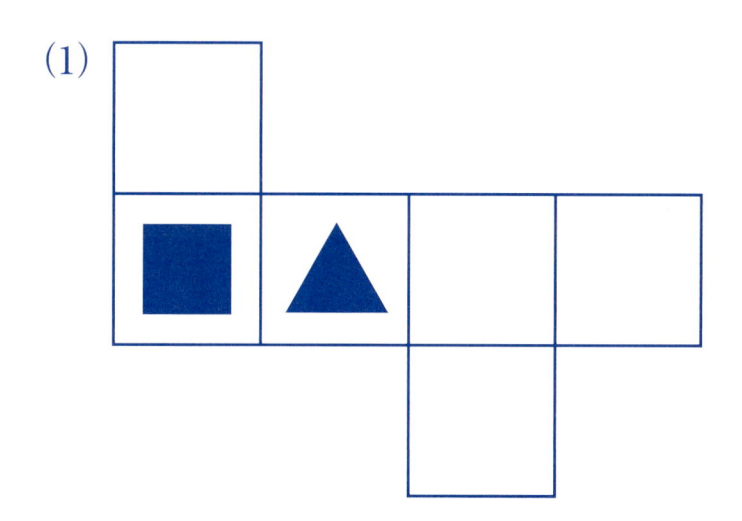

(2)

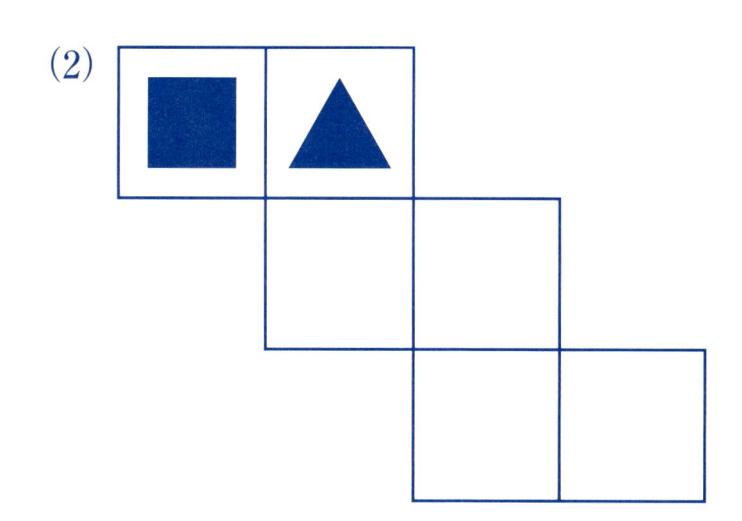

24 箱のてん開図

平面・空間
方向を変える

さいころの形をした箱に，下の図のようにリボンがかかっている絵をかきました。

　下のてん開図を組み立てて，上のような箱をつくるとき，リボンの絵をかくところを黒くぬりなさい。

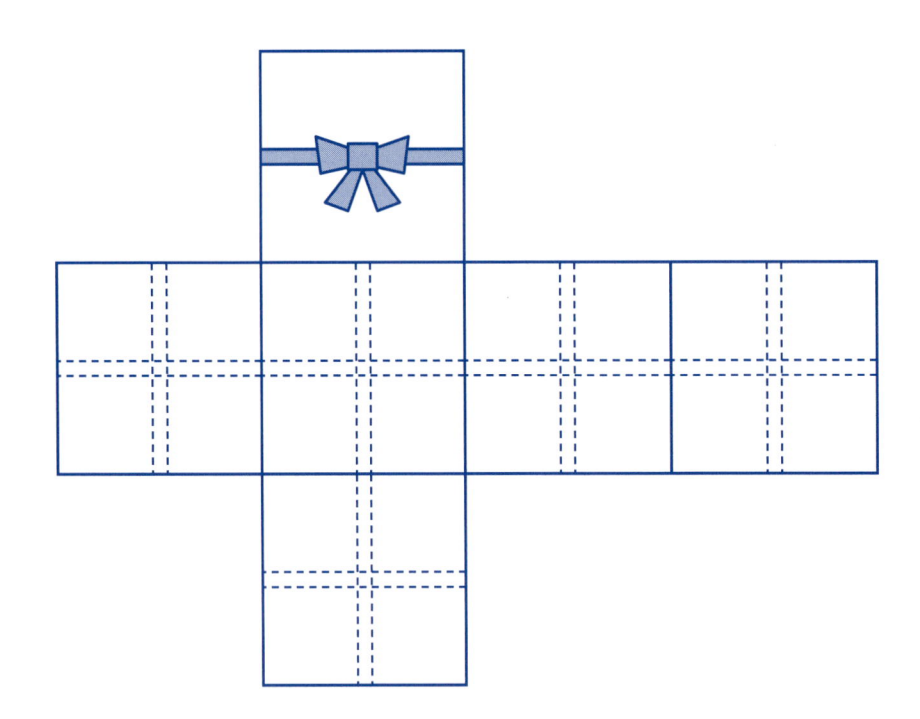

25 さいころ

平面・空間

方向を変える

右の図は，立方体の形をしたさいころのてん開図です。

これと同じてん開図を組み立てて，たくさんのさいころをつくりました。

次の問いに答えなさい。

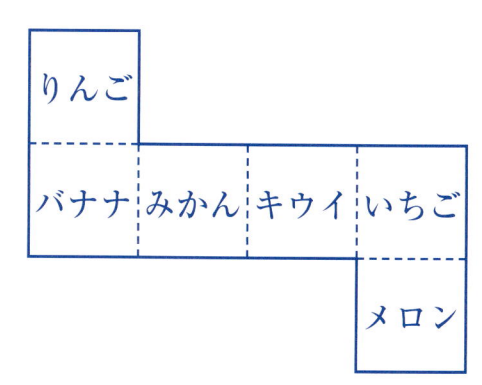

(1) 右の図で，㋐の面にかかれたくだものは何ですか。

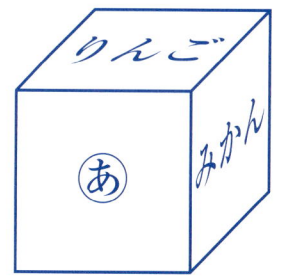

答え

(2) 右の図のように，2個のさいころを重ねます。
重なっている部分にかかれているくだものは
何と何ですか。

重なっている部分 →

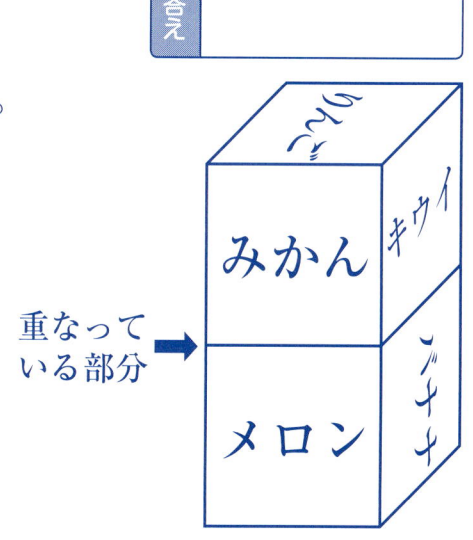

答え

26 はり合わせたさいころ

平面・空間
....
方向を変える

　右のさいころと同じさいころが，2個あります。1つのさいころの向かい合う面の目の数の和は7になります。

　この2個のさいころの面と面をぴったりとはり合わせて，下のような形をつくります。

　はり合わせた2つの面の目の数の和は，10になっています。3の目が下の図のようになっているとき，?の面の目は何ですか。数字で答えなさい。

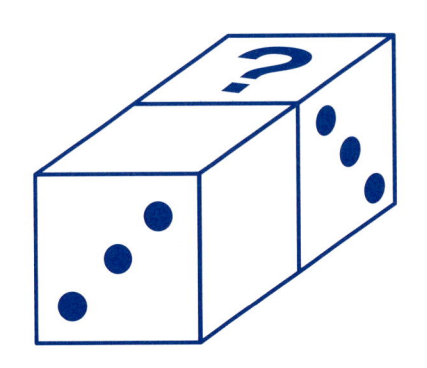

答え

27 積み重ねた積み木

平面・空間
....
方向を変える

　下の図のように，上から見ると長方形になるように，規則にしたがって立方体の積み木を積んでいきます。

	2だん	3だん
上から見たところ		
横から見たところ		

　次の問いに答えなさい。

(1)　2だん積むには，積み木は3個必要です。5だん積むには，積み木は全部で何個必要ですか。

答え

(2)　2だん積んだとき，横から見ると見えない積み木は1個あります。4だん積んだとき，横から見ると見えない積み木は何個ありますか。

答え

28 は何個？

下の図の⑤，⑥のように，必ず ■ と □ がとなりにくるようにすきまなくならべます。

このとき，⑤では ■ を3個，□ を2個，⑥では ■ を1個，□ を3個使っています。

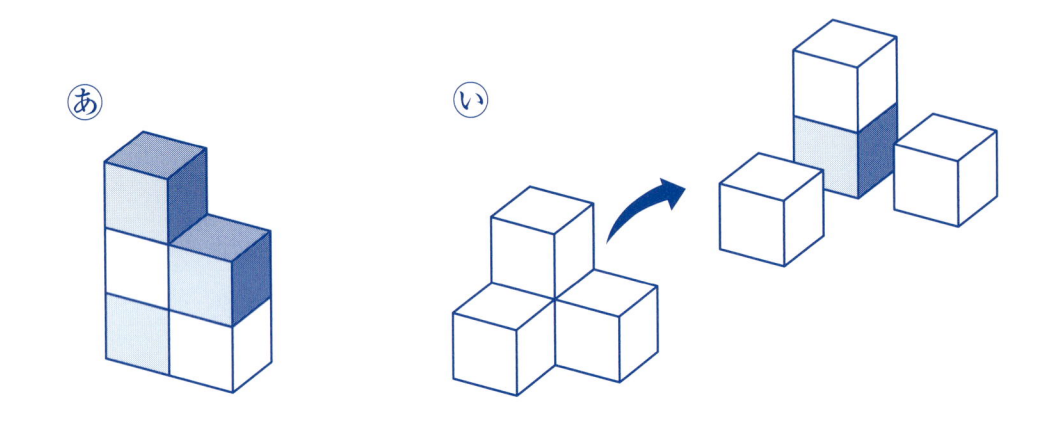

次の(1)，(2)は，上と同じきまりでならべたものです。それぞれ □ を何個使っていますか。

(1)

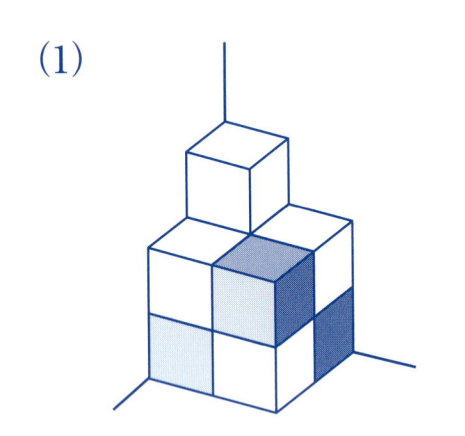

(2)

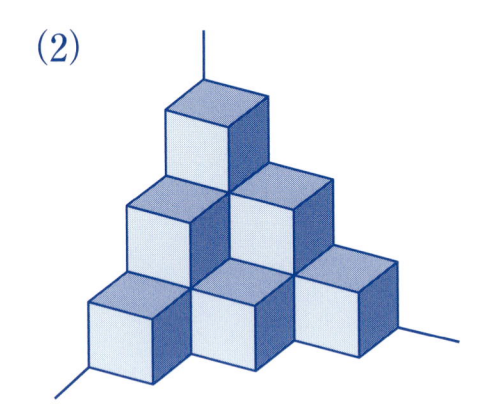

答え

答え

29 積み木の色ぬり

平面・空間
....
方向を変える

　下の図のように，白い立方体の積み木を 8 個使い，大きい立方体をつくりました。

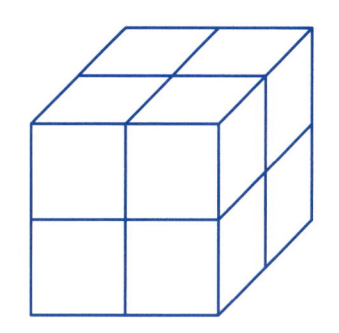

　この立方体の上の面には赤色，残りの面には青色で色をぬりました。そのあと，大きい立方体をバラバラにし，8 個の小さい立方体にぬられた各面の色を調べました。

　次の問いに答えなさい。

(1)　小さい立方体で，青色がぬられた面は全部で何面ありますか。

答え

(2)　赤色と青色の 2 色がぬられている小さい立方体は何個ありますか。

答え

30 立方体に色をぬろう

下の図のように，小さい立方体27個を使って，大きい立方体をつくりました。

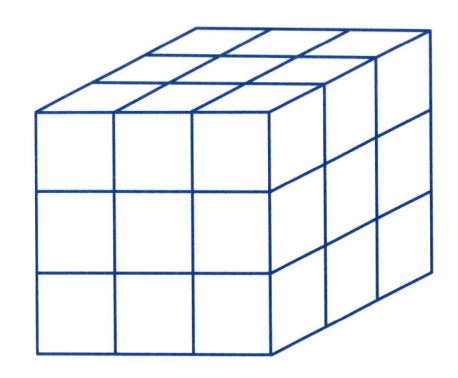

　いま，この大きい立方体の外から見えるすべての面に（下になっている面にも）色をぬりました。この立方体をもとの27個の小さい立方体に分けるとき，次の問いに答えなさい。

(1)　3つの面に色がぬられている小さい立方体は，全部で何個ありますか。

(2)　2つの面に色がぬられている小さい立方体は，全部で何個ありますか。

(3)　どの面も色がぬられていない小さい立方体は，全部で何個ありますか。

ステージ②

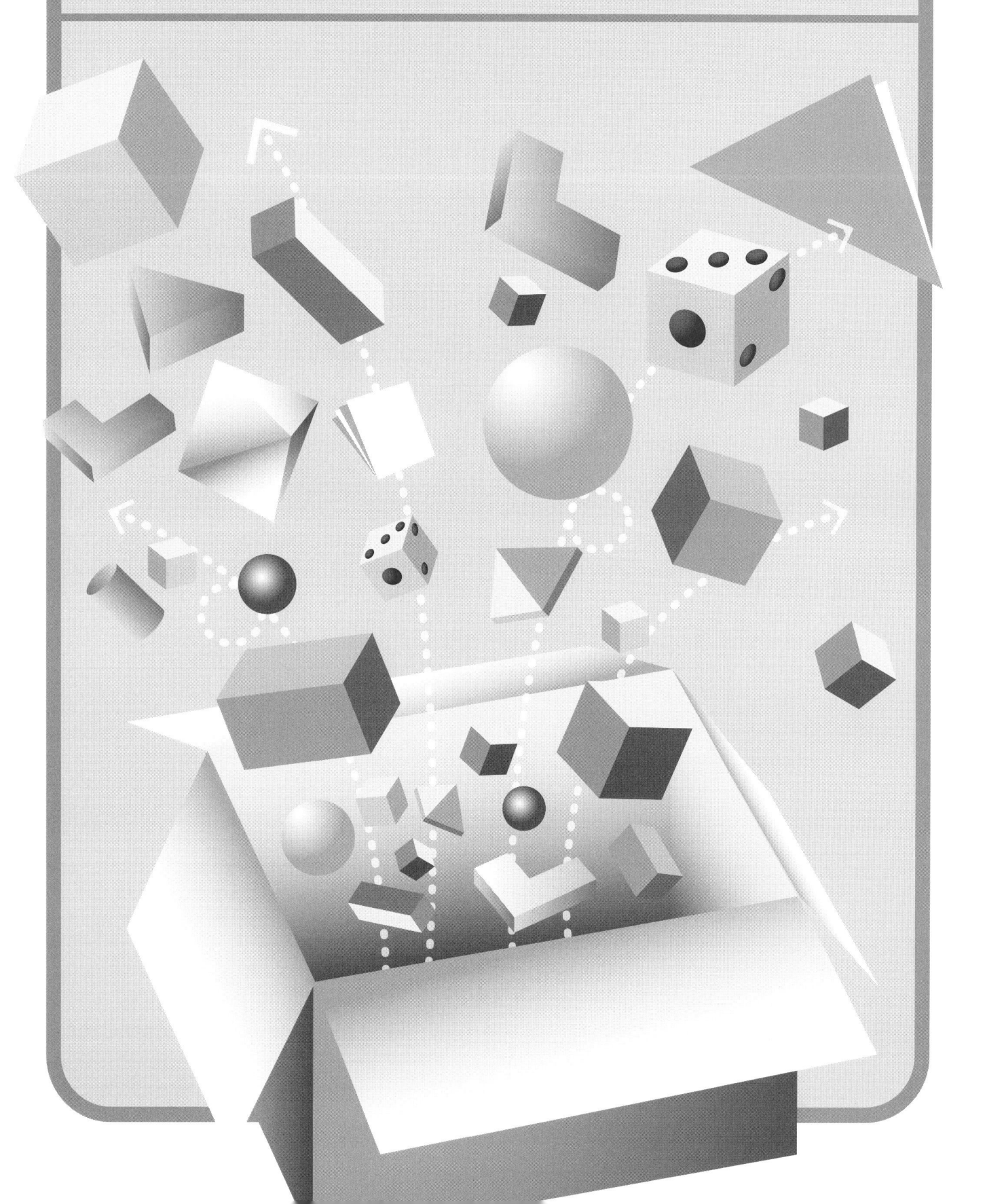

1 大きな正方形をつくろう

下の図1のような，小さい正方形25個でできた大きい正方形があります。この大きい正方形と同じものを，小さい正方形5個でできた図形5つを組み合わせてつくります。

2つの図形が，図2のように入っているとき，残りの部分にどのような図形を使えば大きい正方形がつくれますか。下の⑤〜⑩の中から3つ選び，記号で答えなさい。ただし，⑤〜⑩の図形は，向きを変えたり，うら返したりすることができるものとします。

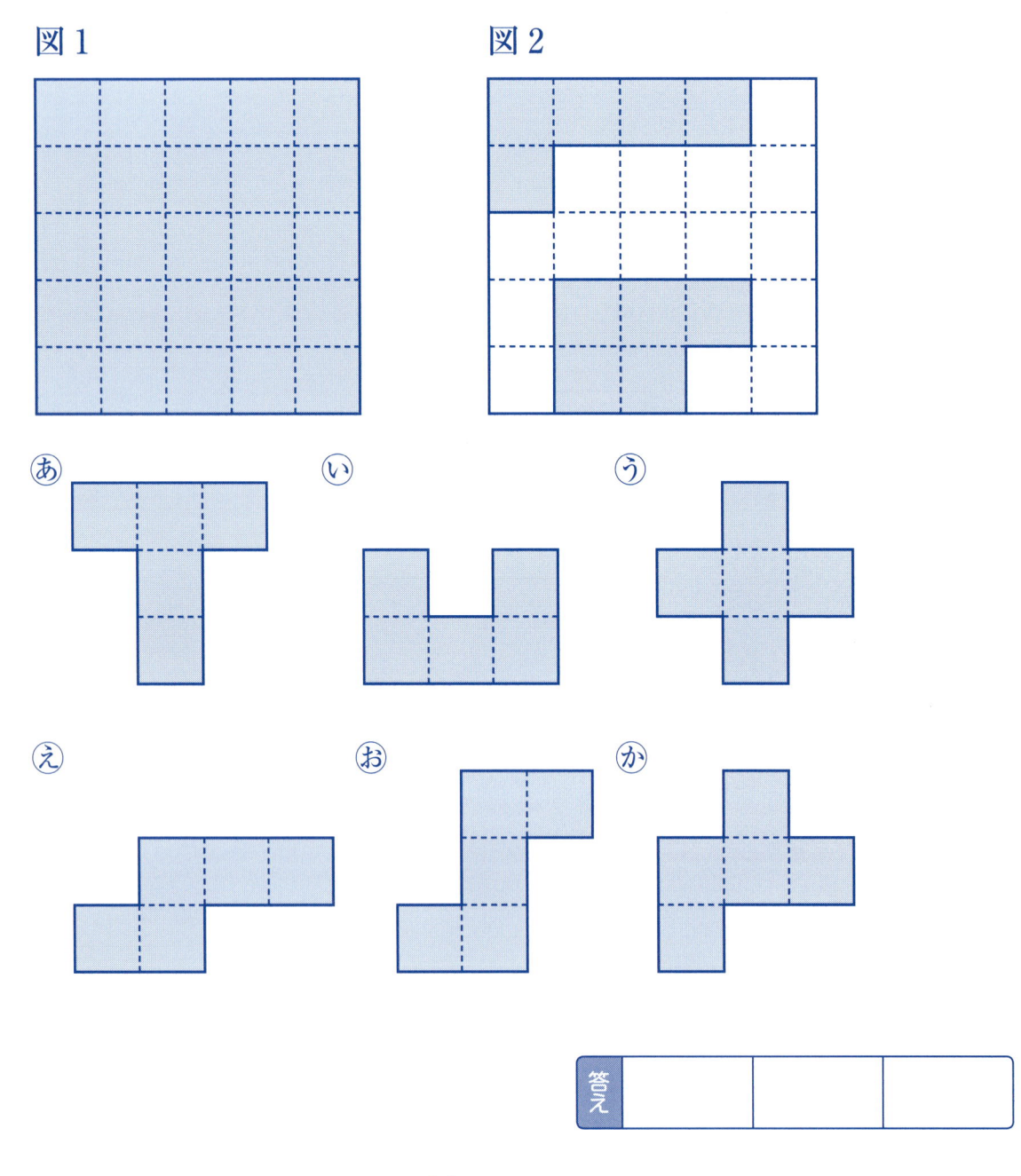

図1

図2

⑤

⑩

⑤

⑤

⑤

⑩

答え

2 さいころのてん開図

平面・空間

形を変える

さいころは，上の面に・が出ると，下の面は□となり，上の面に・が出ると，下の面は□となるように，向かい合う面の目の数の和は7になります。

下の図は，さいころのてん開図です。

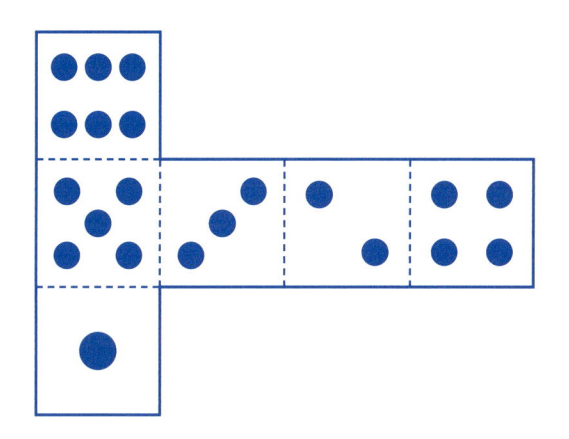

次の(1)，(2)のてん開図で，あいているそれぞれの□に入る目（・，□，□）をかき入れなさい。

(1)   (2)

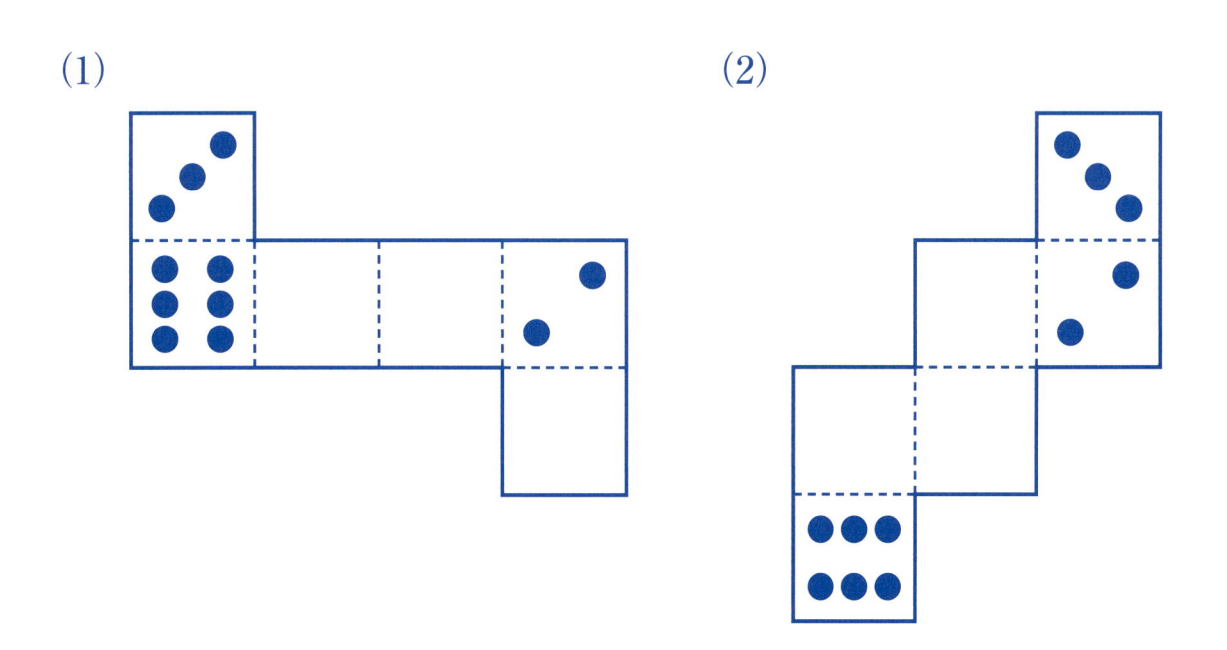

3 切ってくっつける

下の(例)のように，図形を1つの直線で2つに分け，切りはなしたところを動かして正方形をつくります。

（例）

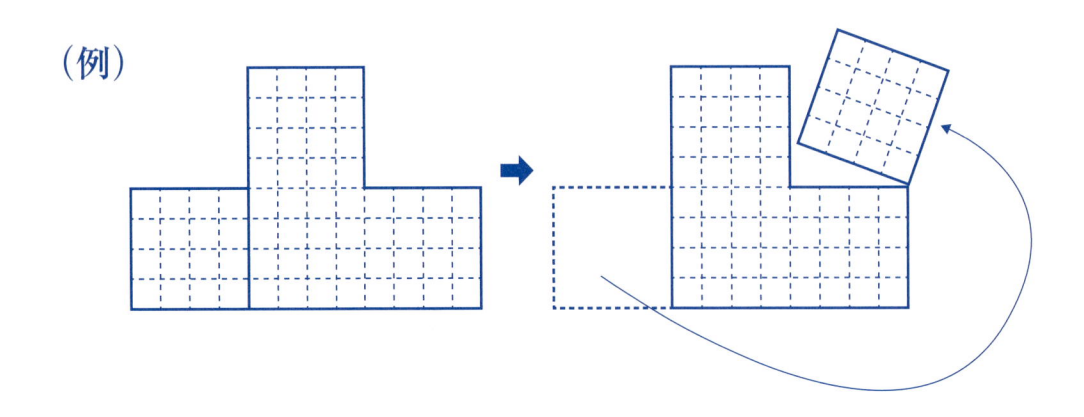

次の(1)〜(3)の図形を，それぞれ1つの直線で切りはなして正方形をつくるには，どこを切ればよいですか。それぞれの図に直線をかき入れなさい。

(1)

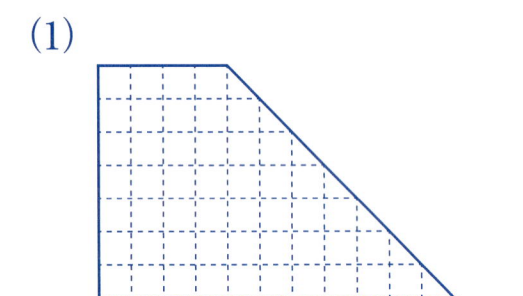

(2)

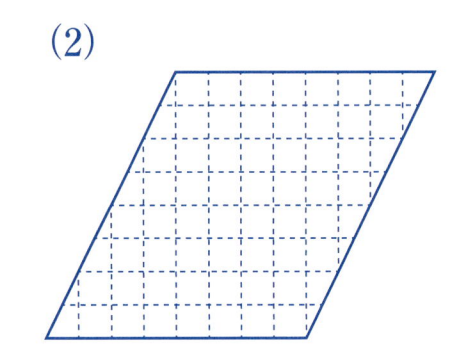

(3)

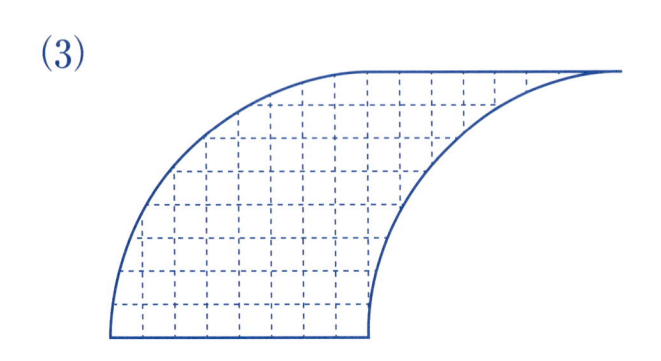

4 箱のてん開図

平面・空間

形を変える

さいころの形をした箱に，下の図のようにリボンがかかっている絵をかきました。

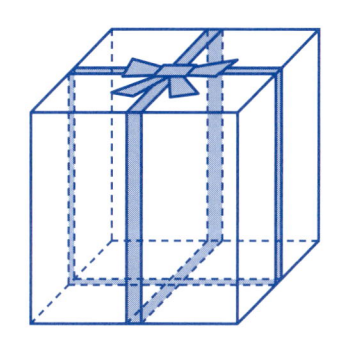

下のてん開図を組み立てて，上のような箱をつくるとき，リボンの絵をかくところを黒くぬりなさい。

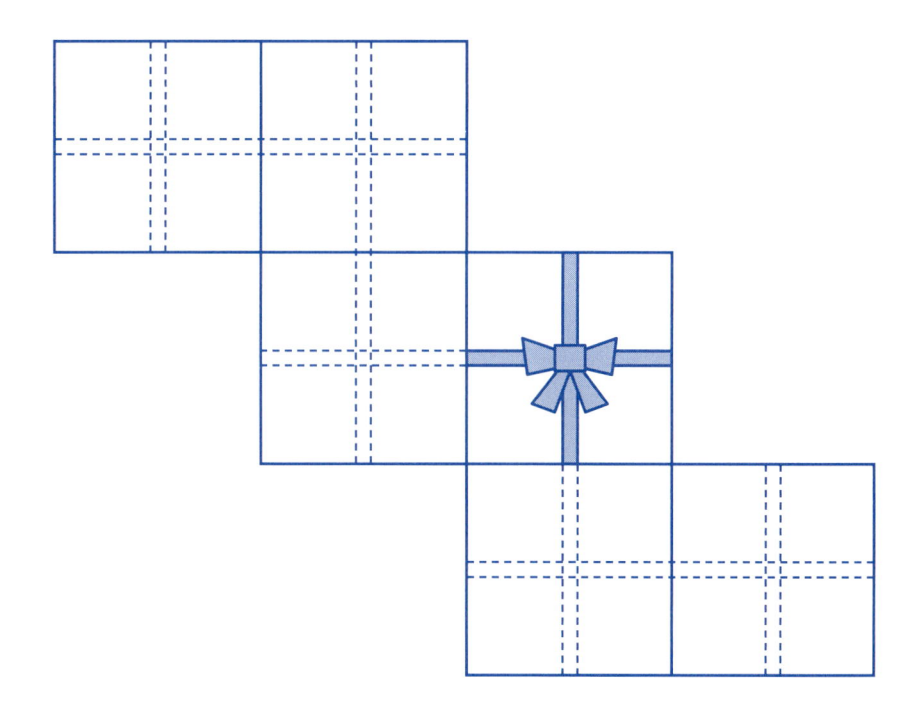

 箱に入ったボール

平面・空間
....
形を変える

　下の図のように，底の面の横の長さが60cmの長方形の箱の中に，同じ大きさのボールが18個，すき間なくきちんと入っています。

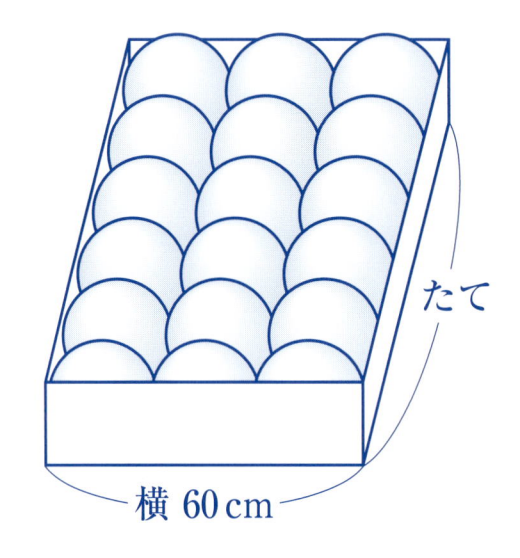

たて

横 60cm

　次の問いに答えなさい。

(1) ボールの半径は何cmですか。

答え

(2) 箱のたての長さは何cmですか。

答え

 **マッチぼうと正方形**

平面・空間
図形を動かす

　マッチぼうを使って，横につなげた正方形をつくっていきます。たとえば，下の図のように，正方形を3個つくるには，マッチぼうが10本必要になります。

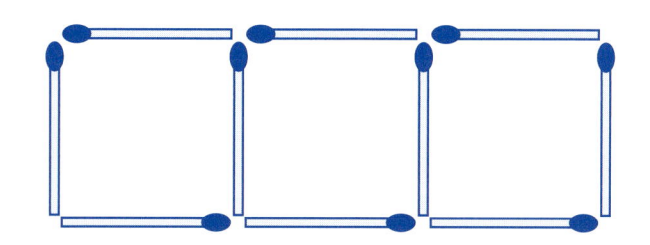

　次の問いに答えなさい。

(1) 正方形を6個つくるには，マッチぼうは全部で何本必要ですか。

答え

(2) 52本のマッチぼうがあります。このマッチぼうを全部使うとすると，正方形は何個つくれますか。

答え

7 重なっている部分の面積

平面・空間
....
形を変える

1辺が12cmの2つの正方形を，下の図のように重ねました。重なっている部分の面積は何cm²ですか。また，求め方もかんたんに書きなさい。図を使って説明してもかまいません。（└ は直角の記号です。）

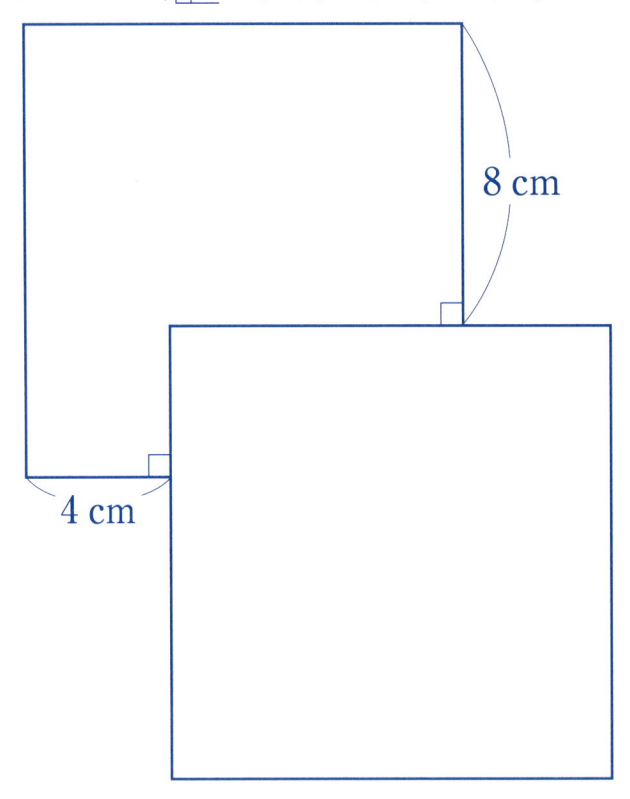

求め方

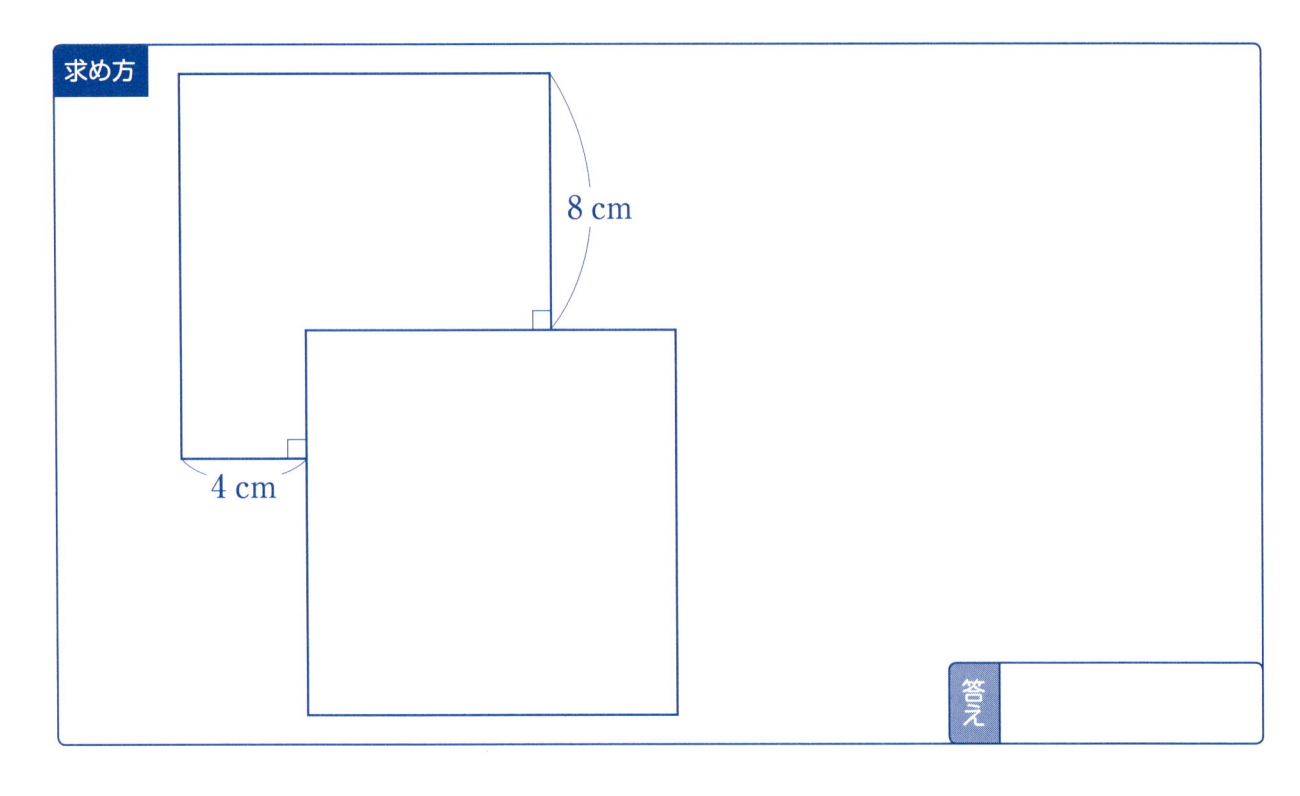

答え

8 分けよう

　下の図を点線にそって５つの部分に分けます。どの区切りの中にも５種類の形が１つずつ入るように，太い線で区切りなさい。

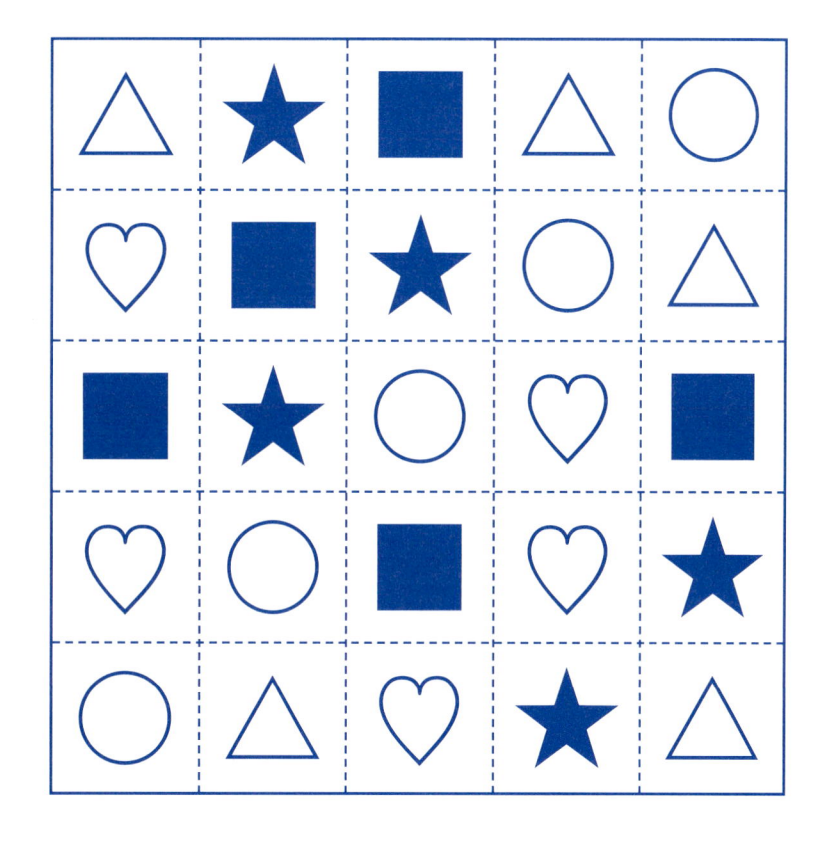

9 組み合わせると？

たて3cm，横4cmの長方形を，右の図のように，4つの同じ形に切り分けます。

この4つの形を組み合わせてつくることができない形を，下のあ〜かの中から2つ選び，記号で答えなさい。ただし，切り分けた形は，回してもかまいません。

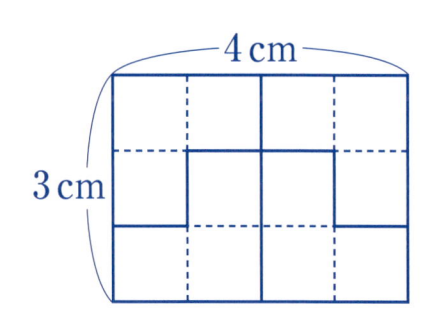

あ
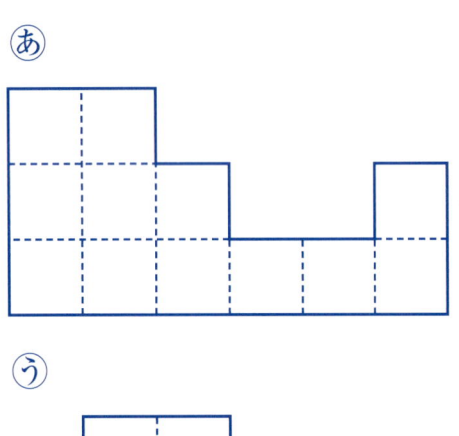

い
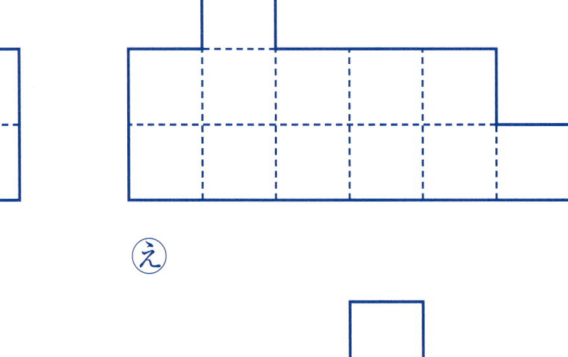

う
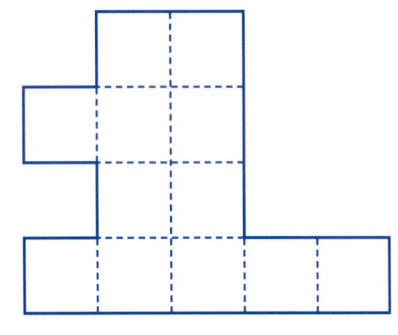

え
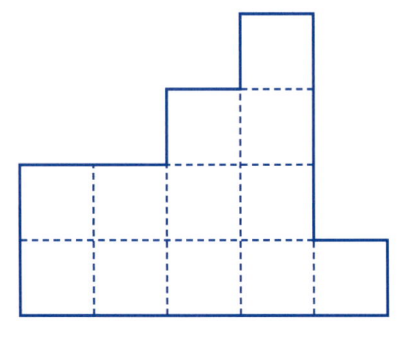

お
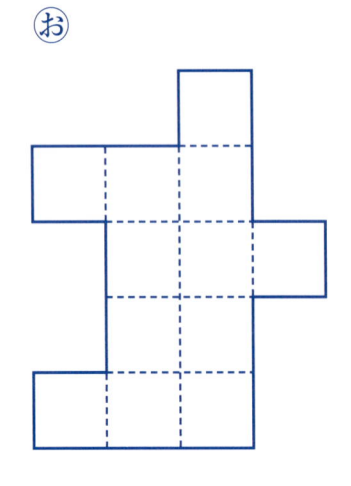

か
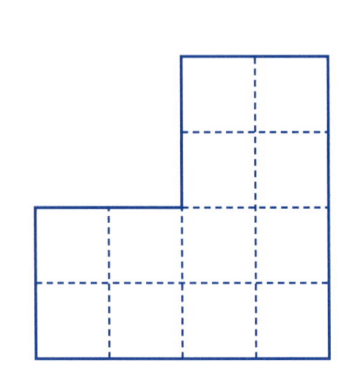

答え

10 重なる数字は

平面・空間

図形を動かす

下のように，長方形のカードに正方形のマスを横に9個，たてに3個とり，1から27までの数を書きました。

1	4	7	10	13	16	19	22	25
2	5	8	11	14	17	20	23	26
3	6	9	12	15	18	21	24	27

このカードをある線にそって折るとき，次の問いに答えなさい。

(1) 下の図のように2つに折るとき，2と重なる数は何ですか。

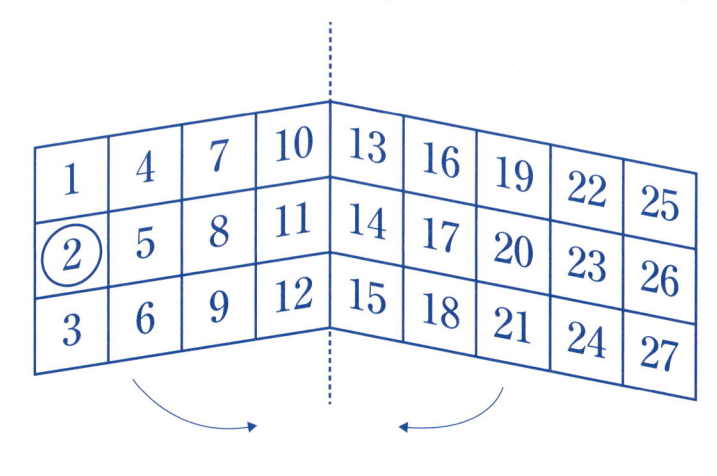

答え

(2) 下の図のように3つに折るとき，5と重なる数の合計はいくつですか。（5は計算に入れません。）

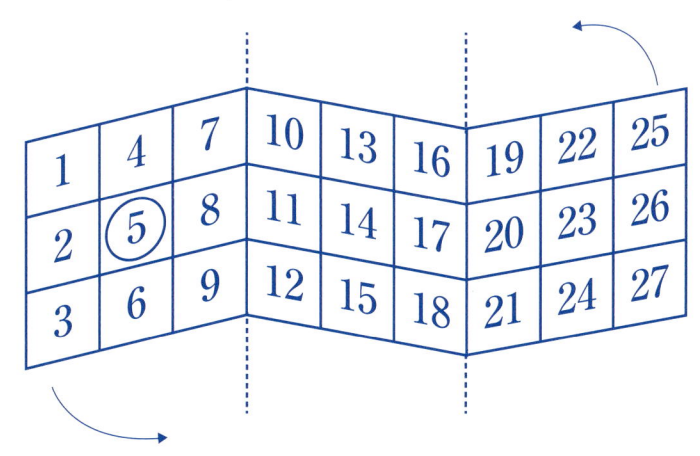

答え

11 カレンダーと正方形

右のように，ある年の6月のカレンダーは，1辺が1マス，2マス，3マス，4マスの4つの正方形に分けることができます。

同じように，下のカレンダーを，大きさのちがう4つの正方形に分けるとき，どのように分ければよいですか。下のカレンダーに，太い線でかき入れなさい。

6月

日	月	火	水	木	金	土
	1	2	3	4	5	6
7	8	9	10	11	12	13
14	15	16	17	18	19	20
21	22	23	24	25	26	27
28	29	30				

11月

日	月	火	水	木	金	土
1	2	3	4	5	6	7
8	9	10	11	12	13	14
15	16	17	18	19	20	21
22	23	24	25	26	27	28
29	30					

三角形の組み合わせ

平面・空間
形を変える

方眼用紙に，次の5種類の三角形をかきました。

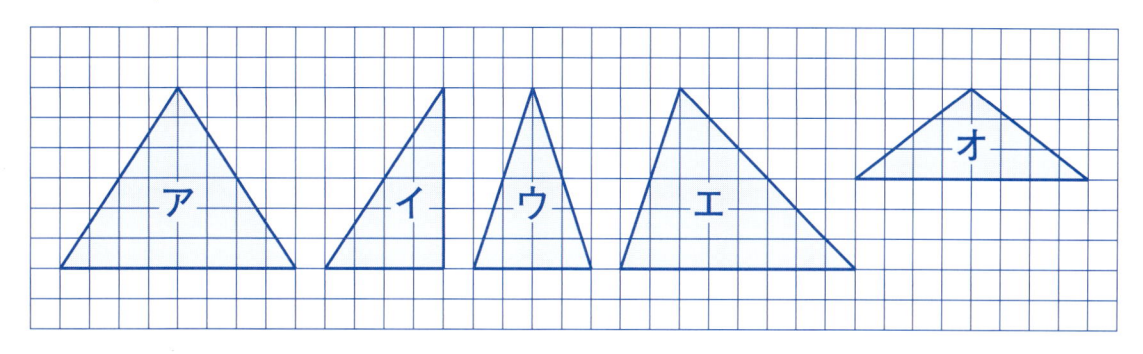

次の問いに答えなさい。

(1) アの三角形を右の図のように2つ組み合わせると，ひし
形ができます。他にも，同じ三角形を2つ組み合わせると
ひし形ができるものがあります。その記号をすべて書きな
さい。

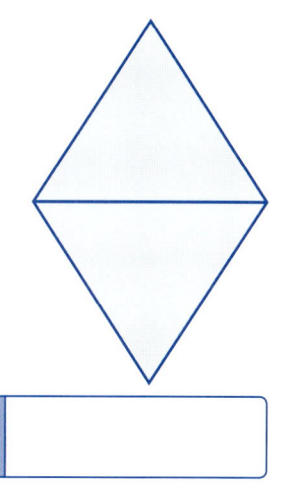

答え

(2) (1)と同じように，同じ三角形を4つ組み合わせるとひし形ができるもの
もあります。その記号を答え，組み合わせ方の図を下の方眼にかきなさい。
ただし，それぞれの三角形は，うら返してもよいものとします。

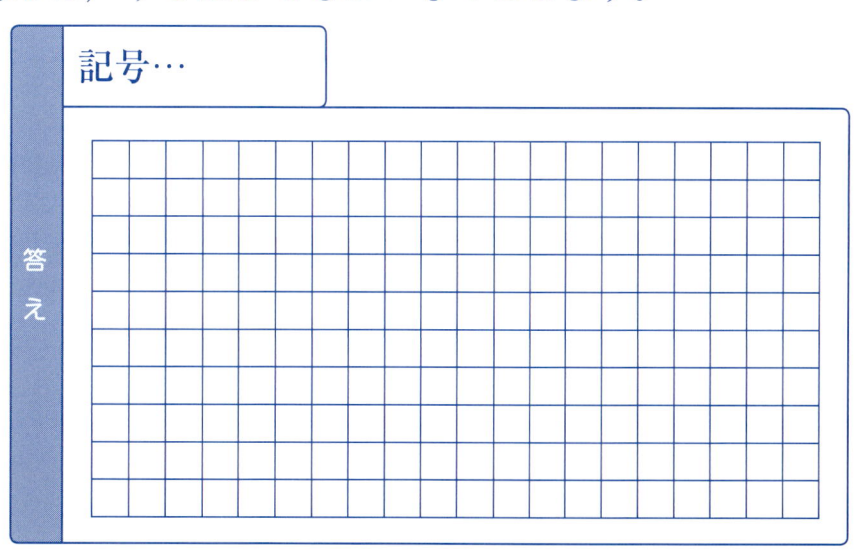

記号…

答え

13 かげの面積

平面・空間
....
方向を変える

　次の(1)～(3)の図のように，同じ大きさの正方形の紙をピッタリくっつけるようにならべて長方形や正方形をつくり，かげをつけた部分と白い部分に分けます。

　このとき，かげをつけた部分の面積は，それぞれ正方形の紙の何まい分の面積になっていますか。

(1)

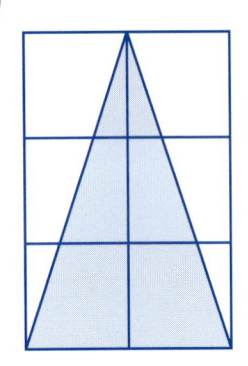

答え

(2)

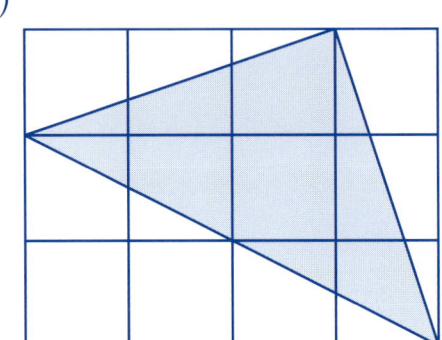

答え

(3)

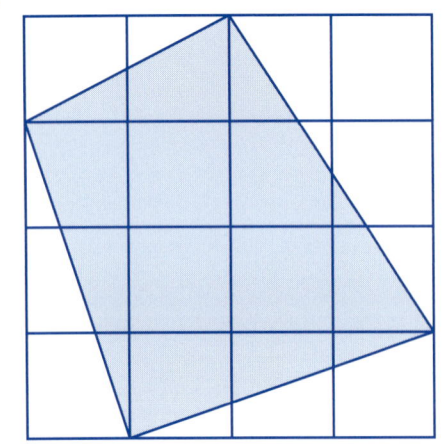

答え

かげをつけた部分の面積

平面・空間
形を変える

次の あ～え の４つの正方形を組み合わせて，下の(1)，(2)の形をつくりました。それぞれのかげをつけた部分の面積は何cm²ですか。

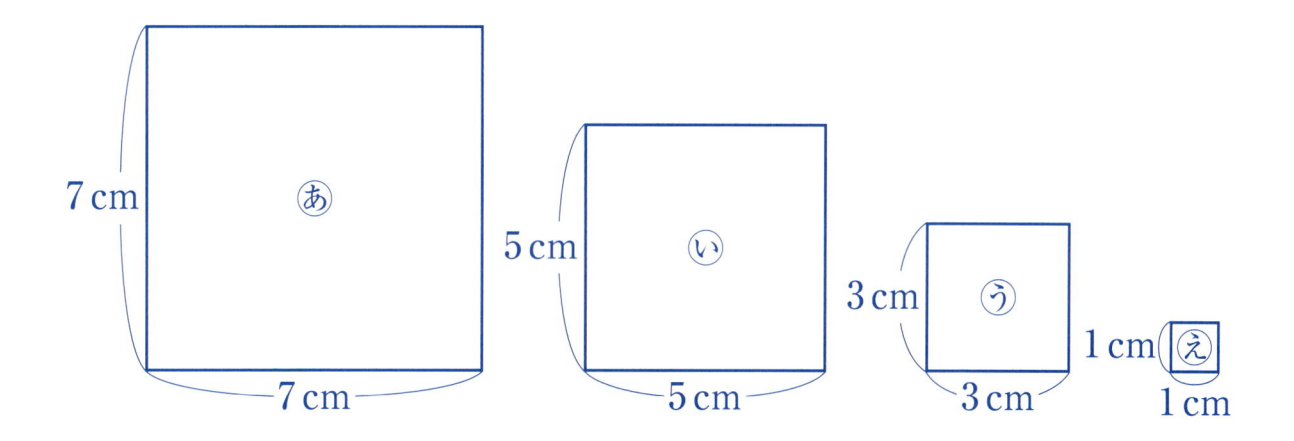

(1) あ，う，え を組み合わせた形

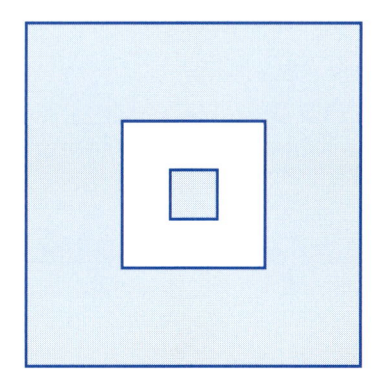

答え

(2) あ，い，う，え を組み合わせた形

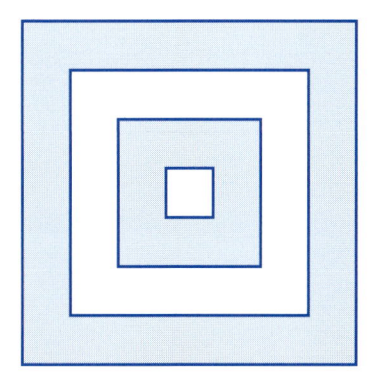

答え

15 4まいの紙

　たてが11cm，横が3cmの長方形の紙が4まいあります。この4まいの紙を，下の図のように，紙が重ならないようにおきました。

　ななめの線の部分の面積は何cm²ですか。

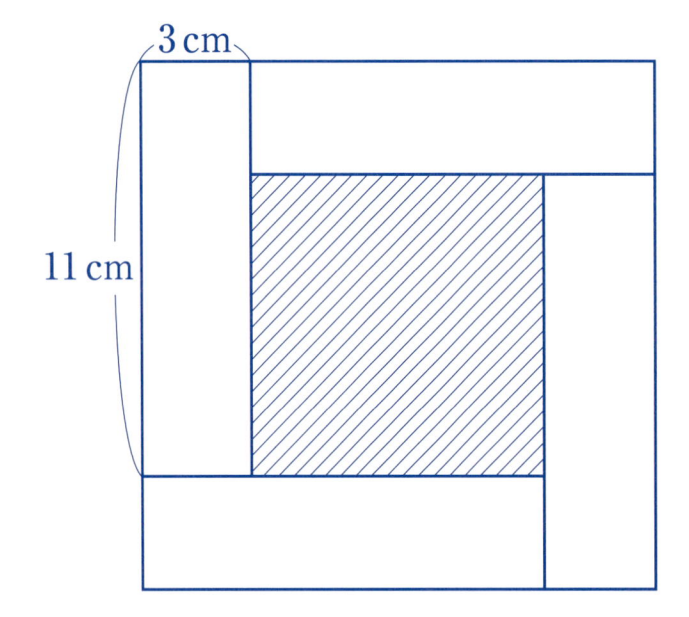

答え

 16 マッチぼう①

平面・空間
･･･････････
図形を動かす

辺の長さが等しくて，どの角(かく)の大きさも等しい図形を正多角形(せいたかくけい)といいます。マッチぼう１本を１辺とする正三角形，正方形，正五角形，…と辺の数を１本ずつ増(ふ)やしながら正多角形を１つずつつくっていき，正十二角形まで横にならべてつくりました。

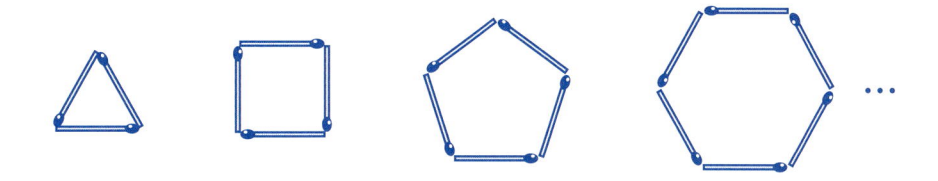

使ったマッチぼうの数の合計の求め方を，下のように考えました。⑦に入る数，⑦に入る式，⑦に入る数をそれぞれ答えなさい。

正三角形から正十二角形まで横にならべると，図形は全部で10個(こ)あります。左から１つ目の正三角形はマッチぼうを３本，右から１つ目の正十二角形はマッチぼうを12本使っています。正三角形と正十二角形で使ったマッチぼうは，合わせて15本です。

同じように，左から２つ目の正方形は４本，右から２つ目の正十一角形は11本のマッチぼうを使っていて，正方形と正十一角形で使ったマッチぼうは合わせて15本です。

このように，両はしから数えて同じ位置にある２つの図形で使ったマッチぼうを合計すると，どこも15本になります。図形は全部で10個あるので，２つの図形で使ったマッチぼうを合計すると15本になる組み合わせは ⑦ 組あります。

したがって，使ったマッチぼうの数の合計を求める式は ⑦ で，答えは ⑦ 本になります。

| 答え | ⑦… | ⑦… | ⑦… |

 **さいころ**

平面・空間

方向を変える

　右の図は，立方体の形をしたさいころのてん開図です。

　これと同じてん開図を組み立てて，たくさんのさいころをつくりました。

　次の問いに答えなさい。

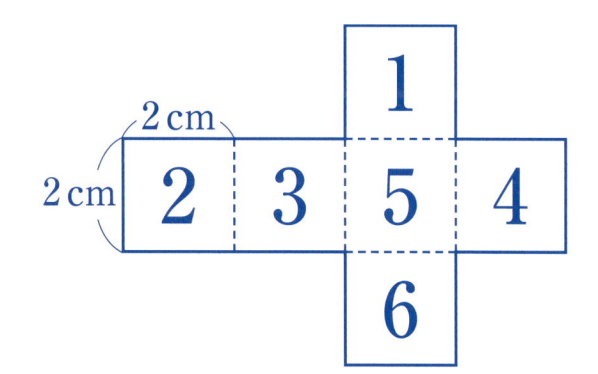

(1) 右の図で，あの面に書かれた数字は何ですか。

答え

(2) 右の図のように，2個のさいころを重ねます。重なっている部分の，2つの面に書かれた数の和はいくつですか。

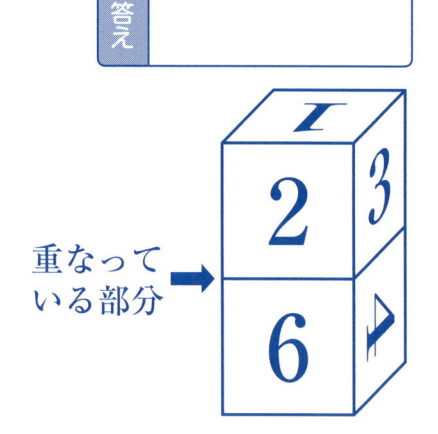

重なっている部分→

答え

18 正方形の面積

次の問いに答えなさい。

(1) 下の図のかげをつけた正方形の面積は何cm²ですか。ただし，方眼の1目もりは1cmです。

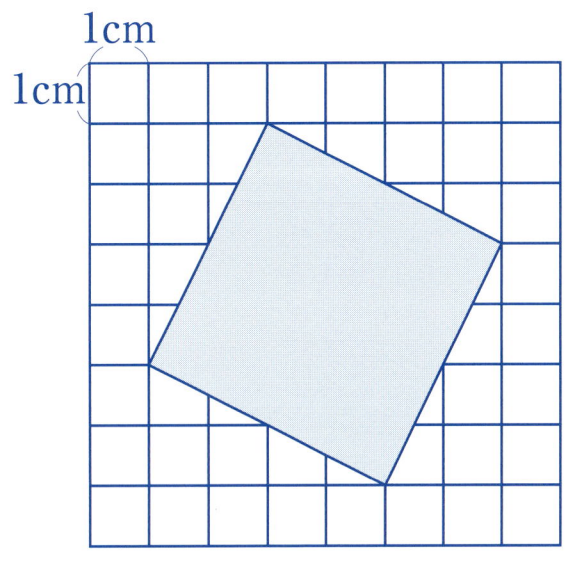

答え _____

(2) 下の方眼に，面積10cm²の正方形を1つかきなさい。

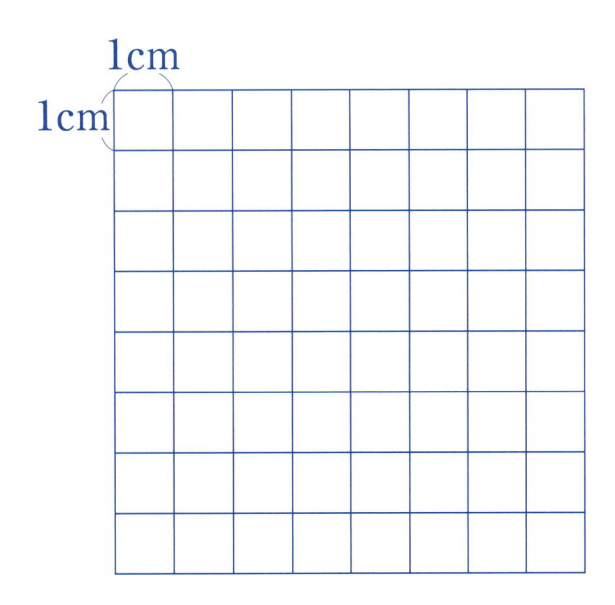

19 路線図

平面・空間
方向を変える

　下の図1のような路線を，図2のように駅を○で，線路を線でかくことを考えます。

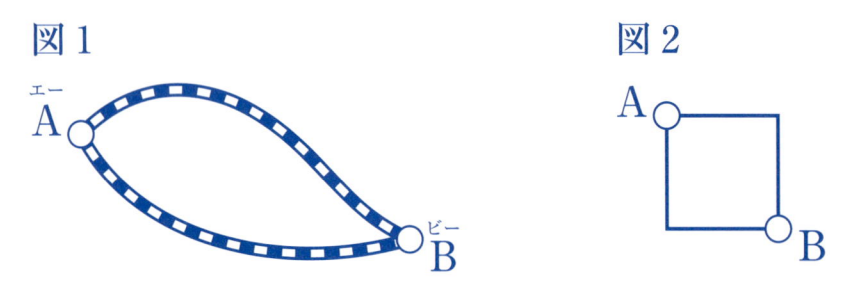

図1

図2

　図2のような図のことを，便利図とよぶことにします。
　次の問いに答えなさい。

(1)　下の図3のような路線を便利図でかくと，あ〜えのどれになりますか。
　　1つ選び，記号で答えなさい。

図3

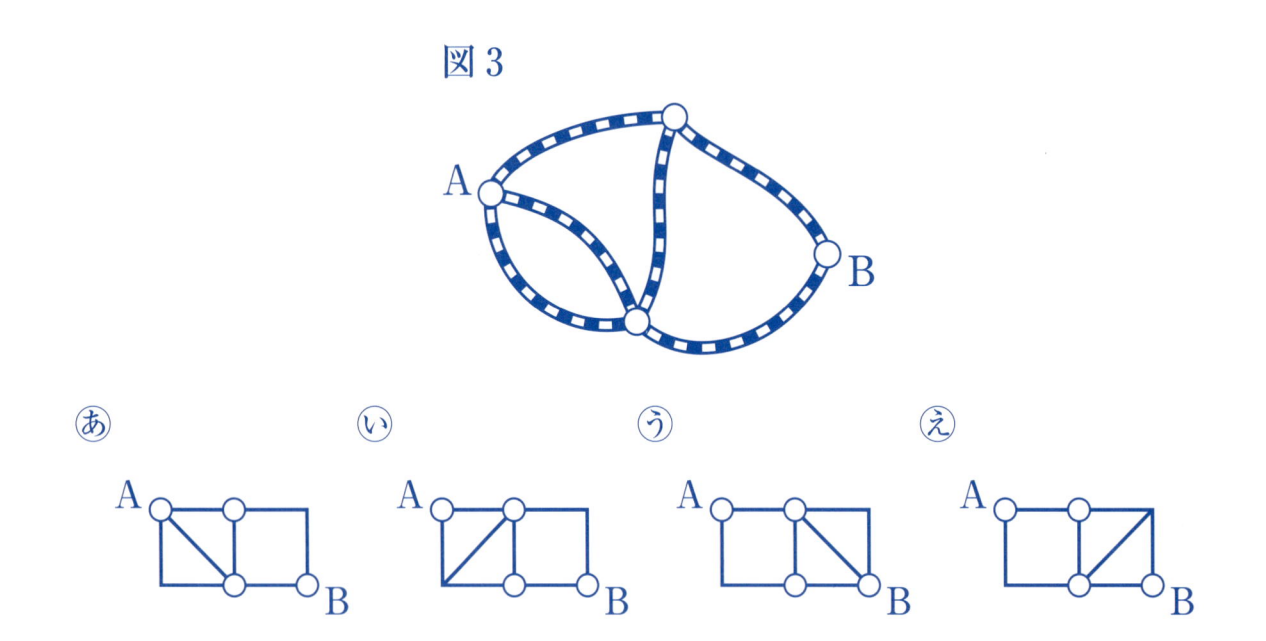

あ　　　　　　い　　　　　　う　　　　　　え

答え

(2) 下の図4のような便利図が表す路線は，あ〜えのどれですか。1つ選び，記号で答えなさい。

図4

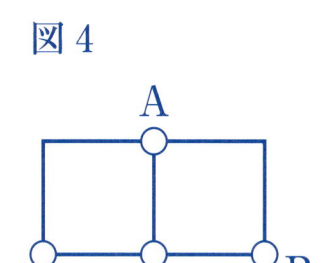

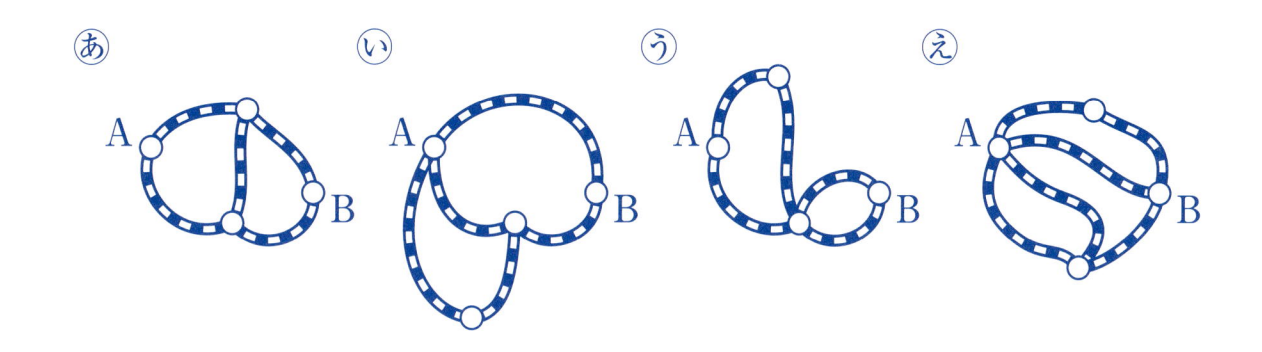

答え

20 色をぬった立方体

右の図のような立方体の3つの面の表面に赤, 青, 黄の色がぬってあり, 残りの3つの面は白色です。

この立方体を下の(1), (2)のように色をぬった面が見えるように辺にそって切り開いたとき, それぞれの赤がぬってある面に○をかき入れなさい。ただし, 青, 黄の文字は, 色を表すためのものなので, 上の立方体と向きが同じとは限りません。

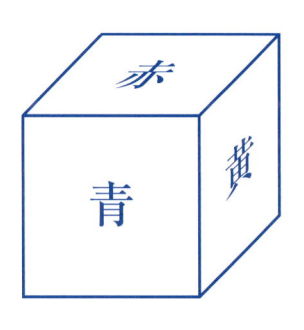

(1)

| | | | |
|青|黄| | |

(2)

21 箱の形をつくろう

平面・空間
⋯⋯⋯⋯⋯⋯⋯
形を変える

　下の図のように，ひごとねん土玉を使って，さいころを横に何個かつなげた形をつくっていきます。

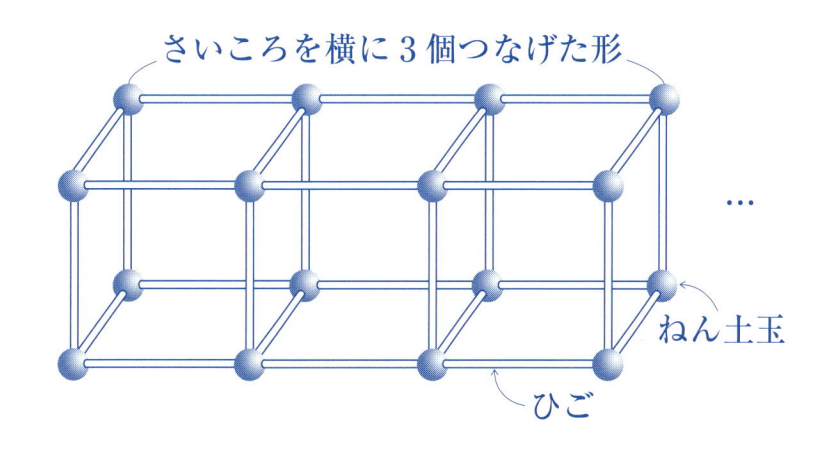

さいころを横に3個つなげた形

…

ねん土玉

ひご

　次の問いに答えなさい。

(1) さいころを横に4個つなげた形をつくるとき，ねん土玉は全部で何個使いますか。

答え

(2) ねん土玉を全部で60個使ってさいころを横につなげた形をつくったとき，さいころの形は全部で何個になりますか。

答え

22 はり合わせたさいころ

　右のさいころと同じさいころが，4個あります。1つのさいころの向かい合う面の目の数の和は7になります。

　この4個のさいころの面と面をぴったりとはり合わせて，下のような形をつくります。

　はり合わせた2つの面の目の数の和は，すべて8になっています。2の目が下の図のようになっているとき，？の面の目は何ですか。数字で答えなさい。

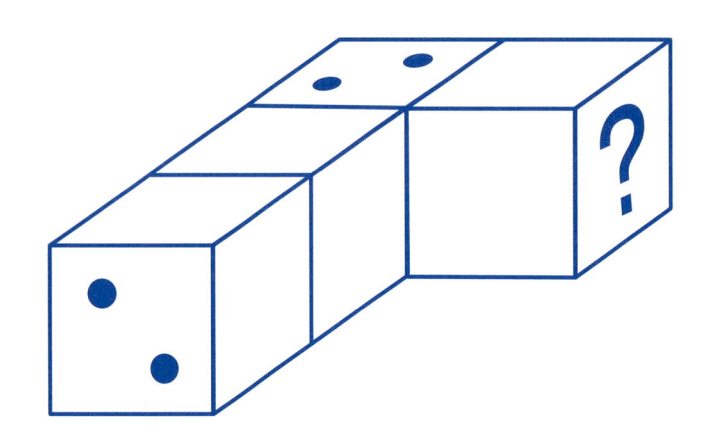

答え

23 マッチぼう②

平面・空間
・・・・・・・・・・・・・・・・・
図形を動かす

マッチぼうを使って，いろいろな図形をつくります。
次の問いに答えなさい。

(1) 下の図のように，45本のマッチぼうを使って，マッチぼう1本を1辺とする正三角形と正方形を，正三角形，正方形，正三角形，正方形，…の順にならべてつくっていきます。
　　このとき，正三角形と正方形は，それぞれ何個できますか。

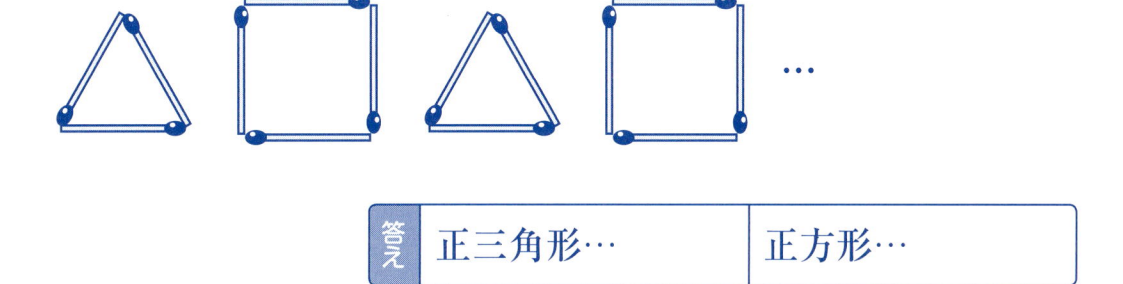

答え	正三角形…	正方形…

(2) マッチぼう1本を1辺とする正三角形を16個使って，次のような大きな正三角形をつくりました。

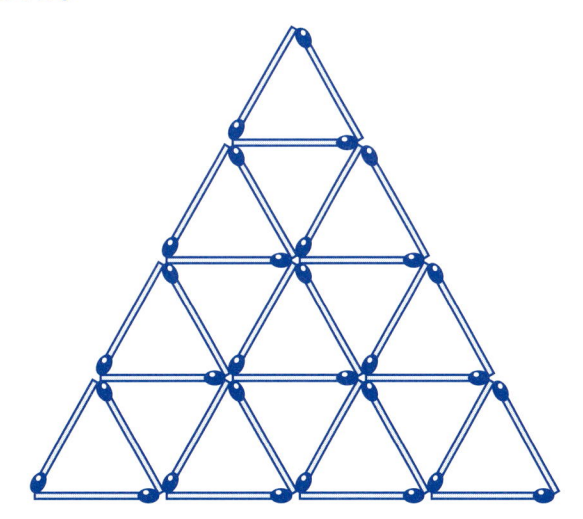

　　この大きな正三角形の中に，マッチぼう1本を1辺とするひし形は何個ありますか。

答え	

24 立方体に色をぬろう

平面・空間
方向を変える

下の図のように，小さい立方体64個を使って，大きい立方体をつくりました。

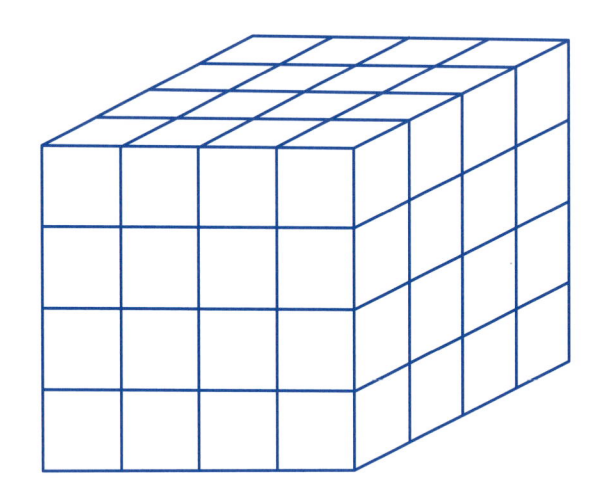

いま，この大きい立方体の外から見えるすべての面に（下になっている面にも）色をぬりました。この立方体をもとの64個の小さい立方体に分けるとき，次の問いに答えなさい。

(1) 3つの面に色がぬられている小さい立方体は，全部で何個ありますか。

答え

(2) 2つの面に色がぬられている小さい立方体は，全部で何個ありますか。

答え

(3) どの面も色がぬられていない小さい立方体は，全部で何個ありますか。

答え

25 は何個？

平面・空間
⋯⋯⋯⋯⋯⋯⋯
方向を変える

下の図のあ，いのように，必ず◼と◻がとなりにくるようにすきまなくならべます。

このとき，あでは◼を2個，◻を1個，いでは◼を1個，◻を3個使っています。

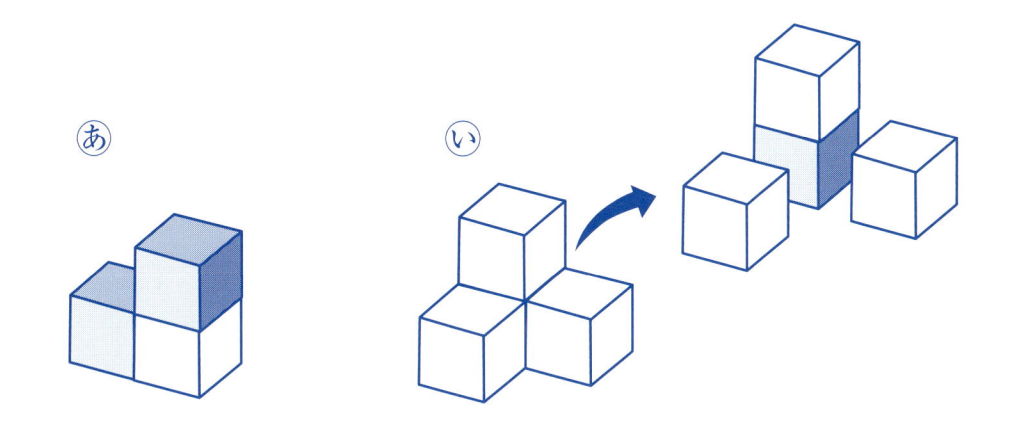

次の(1)，(2)は，上と同じきまりでならべたものです。それぞれ◻を何個使っていますか。

(1)

(2)

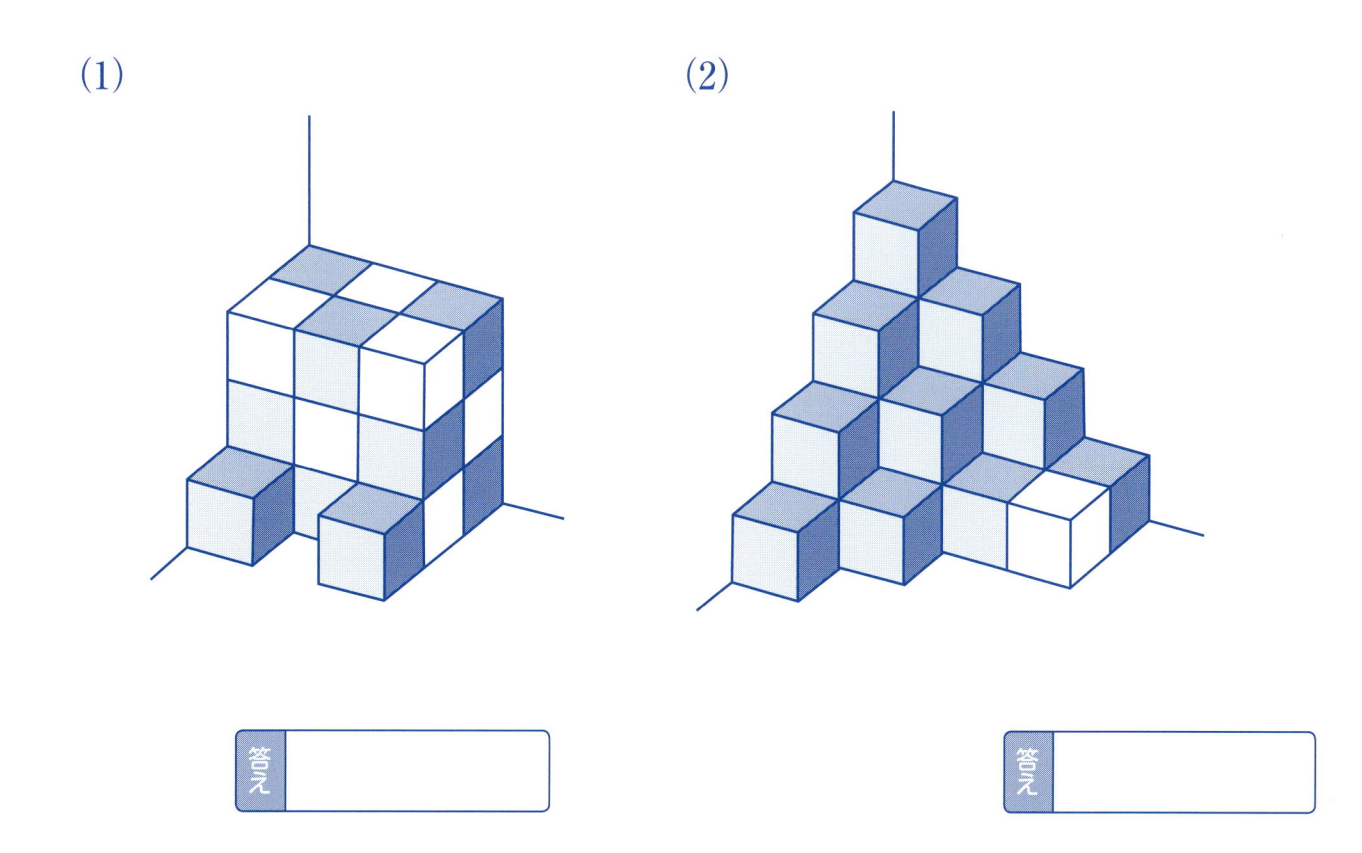

答え

答え

26 点の道すじ

平面・空間

図形を動かす

　下の図のような正三角形アイウがあります。

　この正三角形アイウを，直線エオの上を矢印の方向に，すべらないように転がしていきます。点イが再び直線エオの上にくるまでに，点イはどのような線をえがきますか。下の①〜④の中から１つ選び，番号で答えなさい。

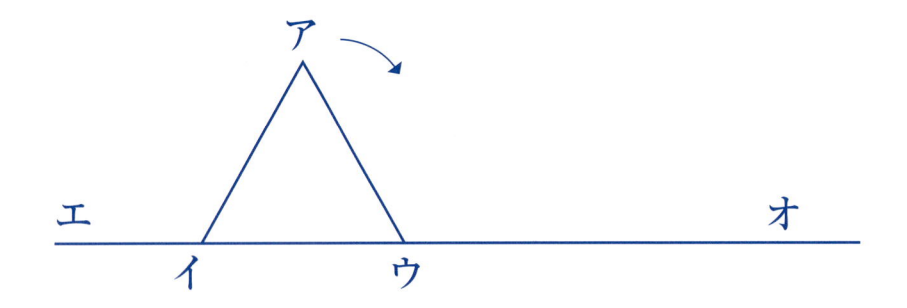

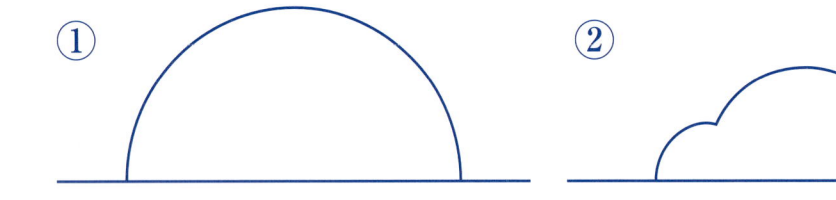

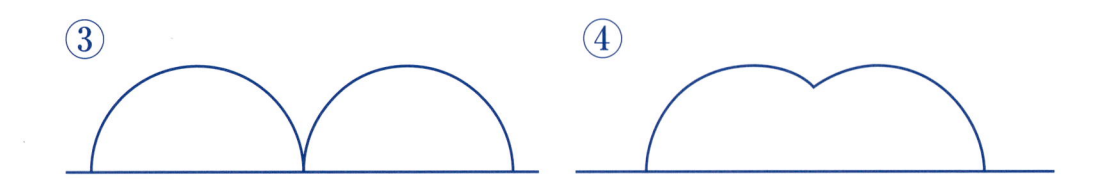

答え

27 直角になるはり

平面・空間
･･･････････････････
図形を動かす

次の問いに答えなさい。

(1) 午後4時から午後5時までの間に，時計の長いはりと短いはりが直角にな
　るときが2回あります。そのときの長いはりと短いはりが，それぞれどの数
　字とどの数字の間にあるかがわかるように，だいたいのようすをかきなさい。

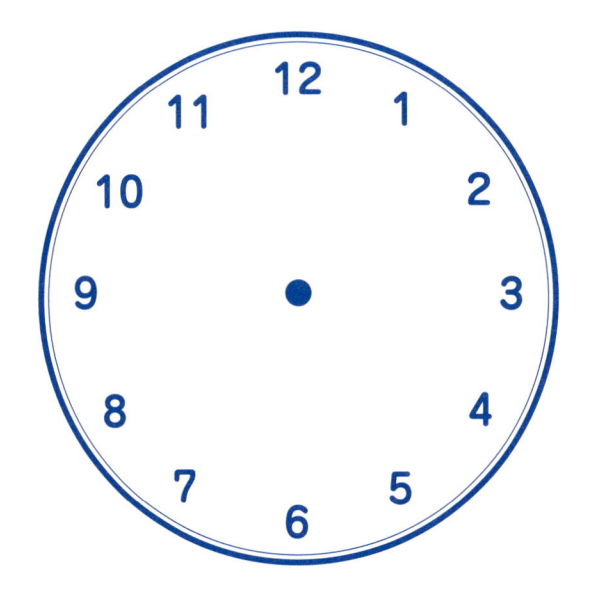
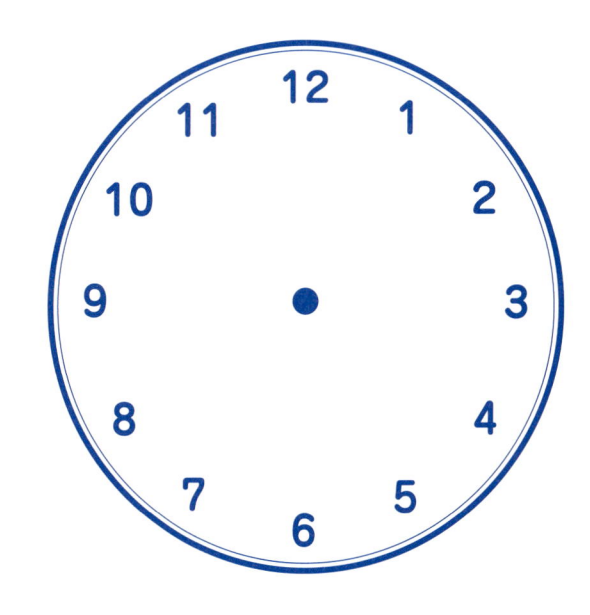

(2) 午後1時から午後11時までの10時間に，時計の長いはりと短いはりが直角
　になるときは何回ありますか。

答え

28 積み木の色ぬり

下の図のように，白い立方体の積み木を27個使い，大きい立方体をつくりました。

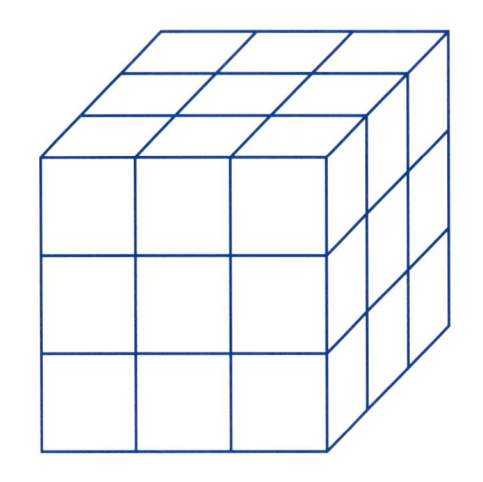

この大きい立方体の上の面には青色，下の面には赤色，残りの面には黄色で色をぬりました。そのあと，大きい立方体をバラバラにし，27個の小さい立方体にぬられた各面の色を調べました。

次の問いに答えなさい。

(1) 小さい立方体で，黄色がぬられた面は全部で何面ありますか。

答え

(2) 赤色と黄色の2色がぬられている小さい立方体は何個ありますか。

答え

29 積み重ねた積み木

平面・空間
....
方向を変える

　下の図のように，上から見ると正方形になるように，規則にしたがって立方体の積み木を積んでいきます。

	2だん	3だん
上から見たところ		
正面から見たところ		

　次の問いに答えなさい。

(1)　2だん積むには，積み木は5個必要です。5だん積むには，積み木は全部で何個必要ですか。

答え

(2)　2だん積んだとき，正面から見ると見えない積み木は2個あります。4だん積んだとき，正面から見ると見えない積み木は何個ありますか。

答え

30 時計のはりと角度

平面・空間
………………………
図形を動かす

次の問いに答えなさい。

(1) 右の時計は，2時ちょうどを表しています。
長いはりと短いはりの間の角度⑧は何度ですか。
また，求め方の式も書きなさい。

求め方の式

答え

(2) 右の時計は，8時20分を表しています。長い
はりと短いはりの間の角度⑰は何度ですか。

答え

ステージ③

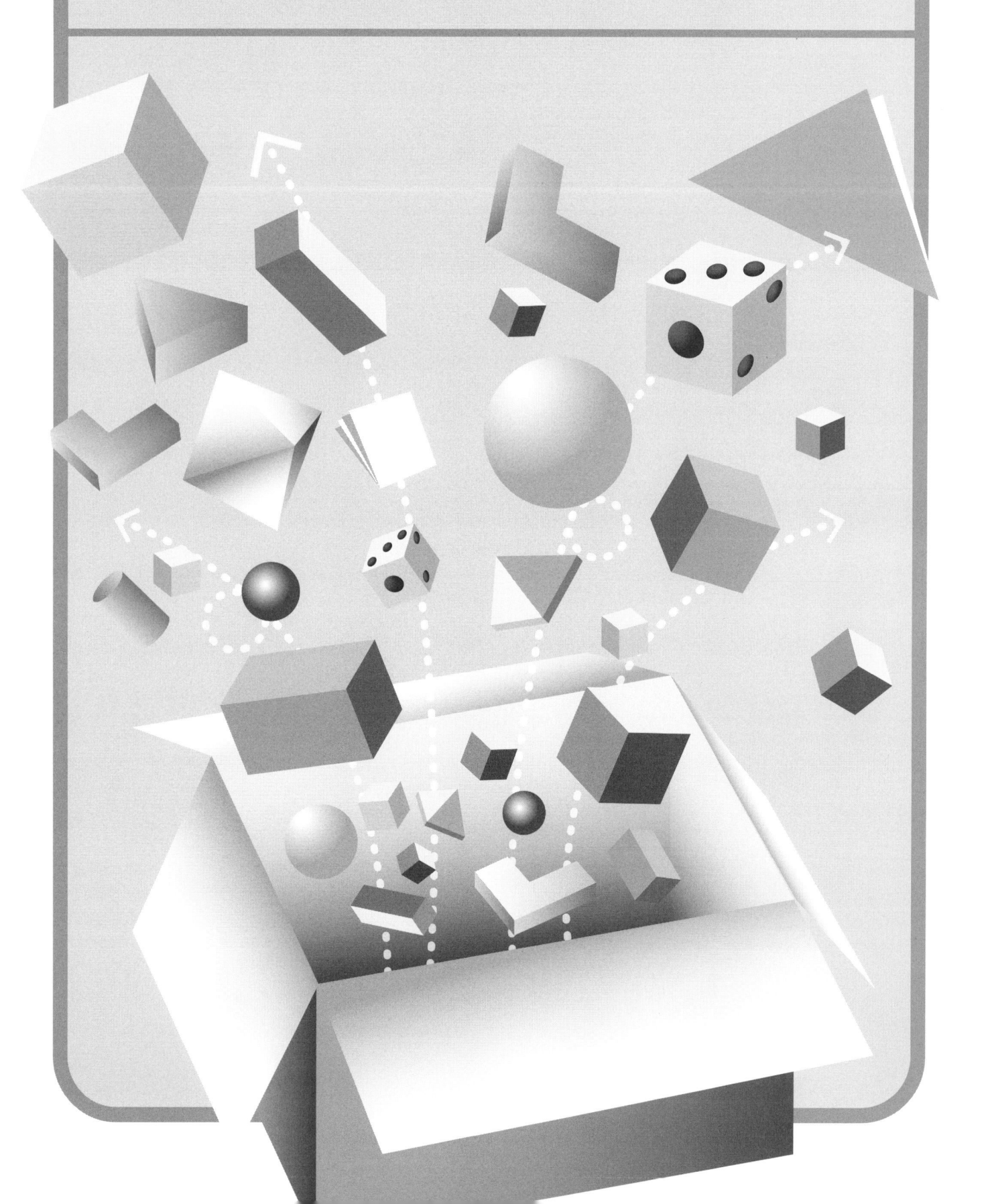

 切ってくっつける

平面・空間
⋯⋯⋯⋯⋯⋯⋯⋯
形を変える

　次の(1)～(3)の図形を，それぞれ1つの直線で切りはなして正三角形をつくるには，どこを切ればよいですか。それぞれの図に直線をかき入れなさい。

(1)

(2)

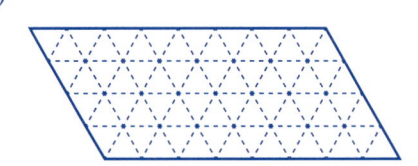

(3)

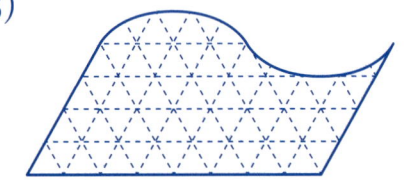

正三角形のわくに入ったボール

平面・空間
形を変える

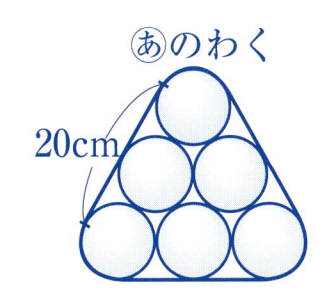

あのわく

20cm

右の図のように，角が丸い正三角形のわく（あ）の中にすきまなくボールをしきつめたところ，6個入りました。このとき，あのわくのまっすぐな部分の長さは20cmでした。

あのわくよりも少し大きい角が丸い正三角形のわく（い）の中に，同じ大きさのボールをすきまなくしきつめたところ，21個入りました。いのわくのまっすぐな部分の長さは何cmですか。

いのわく

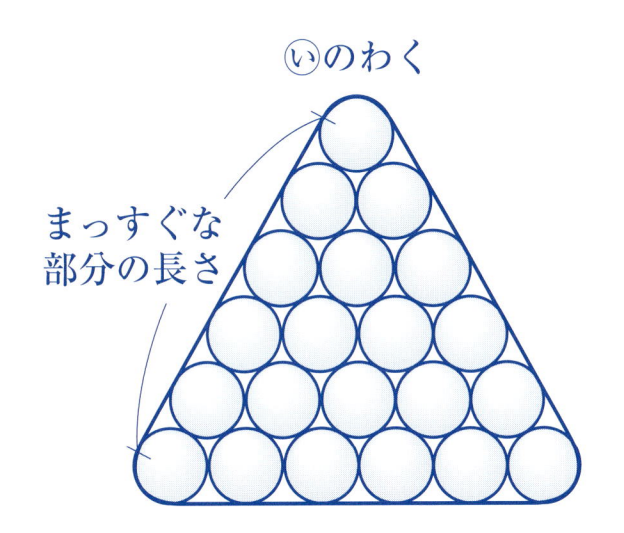

まっすぐな
部分の長さ

答え

マッチぼう

平面・空間
・・・・・・・・・・・・・
図形を動かす

マッチぼうを使って，いろいろな図形をつくります。
次の問いに答えなさい。

(1) 下の図のように，151本のマッチぼうを使って，マッチぼう1本を1辺とする正三角形と正方形と星形を，正三角形，正方形，星形，正三角形，正方形，星形，…の順にならべてつくっていきます。
　このとき，正三角形，正方形，星形は，それぞれ何個できますか。

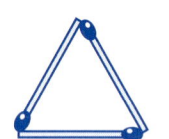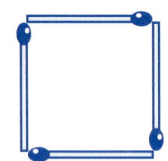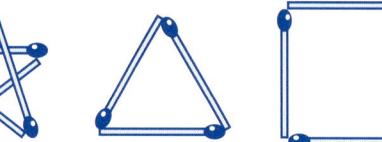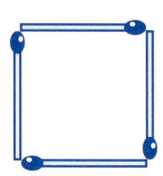 …

答え	正三角形…	正方形…	星形…

(2) マッチぼう33本を使って，次のような大きなひし形をつくりました。

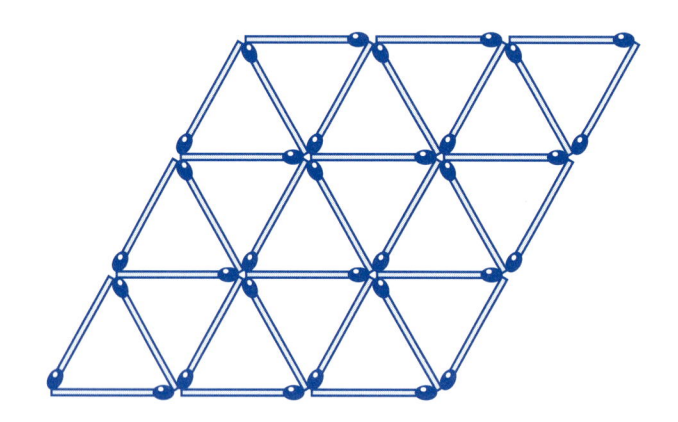

この大きなひし形の中にひし形は何個ありますか。

答え

4 4まいの紙

　たてが12cm，横が3cmの長方形の紙①が2まい，たてが4cm，横が8cmの長方形の紙②が2まいあります。この4まいの紙を，下の図のように，紙が重ならないようにおきました。

　ななめの線の部分の面積は何cm²ですか。

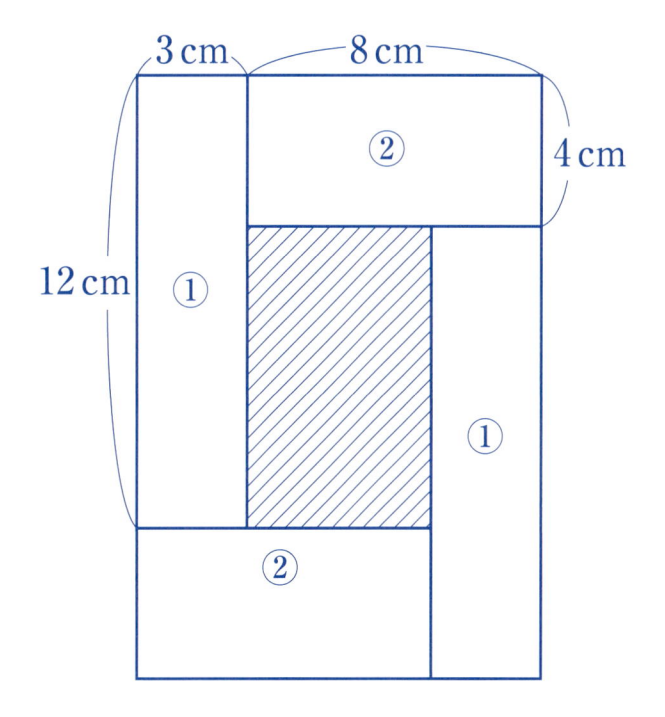

答え

5 かげの面積

平面・空間
....
方向を変える

次の①，②のような図形があります。どちらのほうが方眼何マス分大きいか答えなさい。

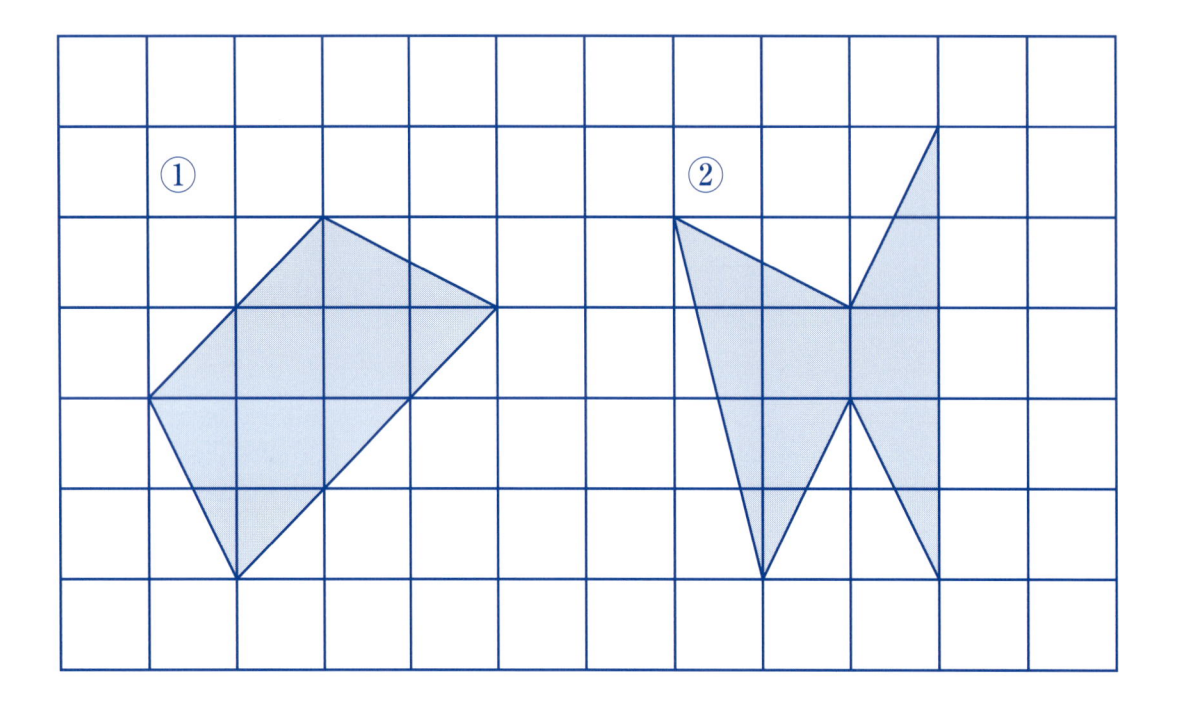

答え ＿＿＿＿＿＿＿＿ のほうが ＿＿＿＿＿＿＿ マス分大きい。

6 重なっている部分の面積

平面・空間
·················
形を変える

　１辺が12cmの３まいの正方形の折り紙を，下の図のように重ねました。３まいの折り紙が重なっている部分の面積は何cm²ですか。また，求め方もかんたんに書きなさい。（└ は直角の記号です。）

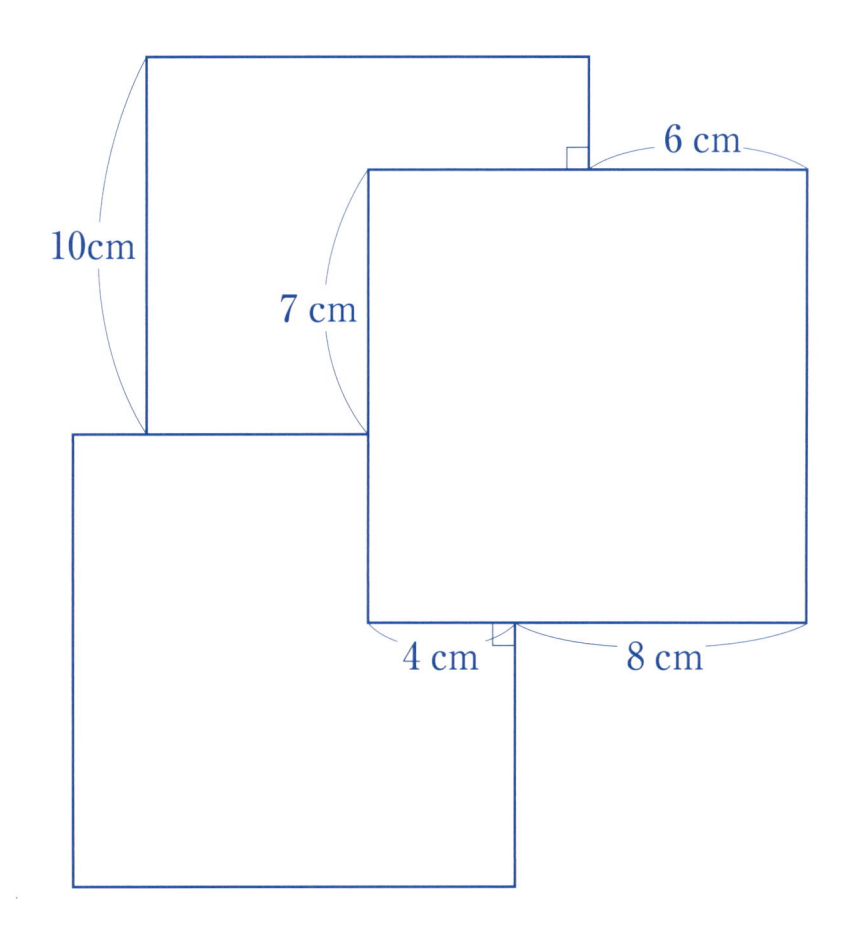

求め方

答え

7 カレンダーと正方形

平面 ・ 空間

形を変える

　右のように，ある年の9月のカレンダーは，大きさのちがう4つの正方形に分けることができます。

　同じように，右のカレンダーとは別の形で，大きさのちがう4つの正方形に分けることができるカレンダーを，下の図を使って1つくりなさい。

9月

日	月	火	水	木	金	土
				1	2	3
4	5	6	7	8	9	10
11	12	13	14	15	16	17
18	19	20	21	22	23	24
25	26	27	28	29	30	

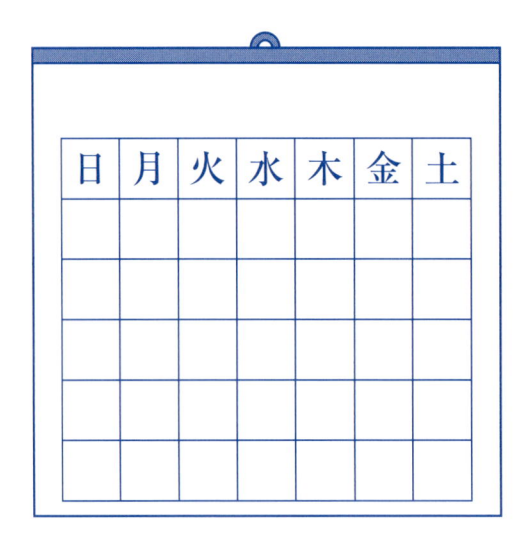

8 四角形の面積

1目もりが1cmの方眼に，下の①〜③のような図形をかきました。面積の小さい順に，番号で答えなさい。

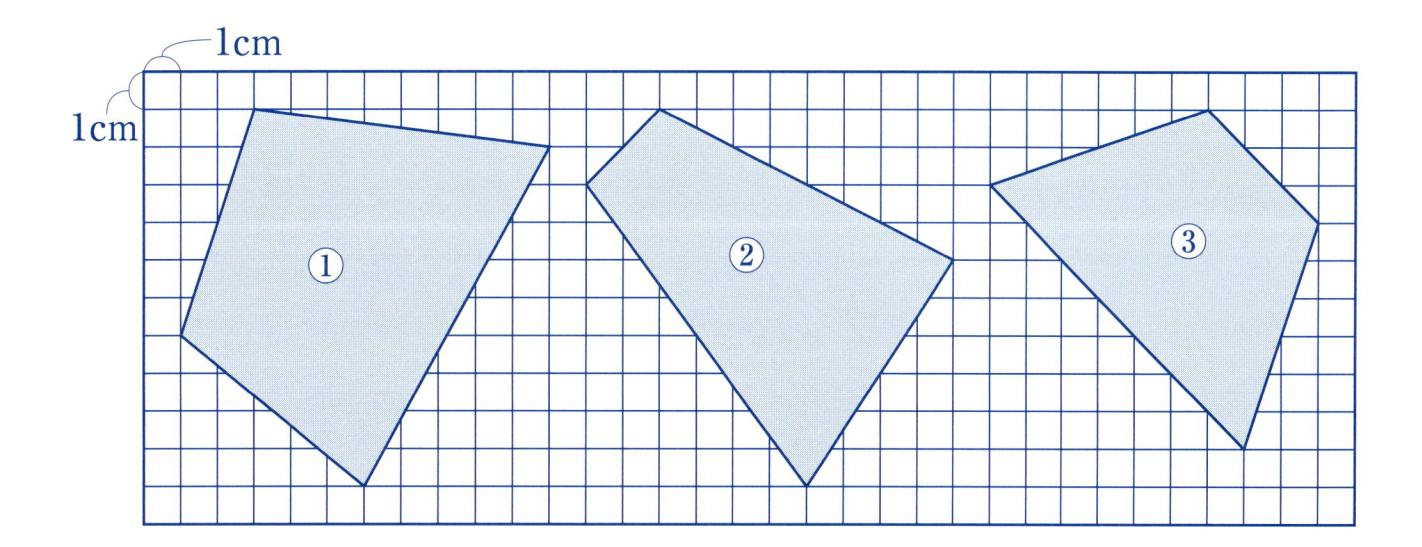

9 折り紙を切り取った図形

　1辺が6cmの正方形の折り紙を，下の図1のような形に切り取りました。この切り取った部分をさらに切って，4つの小さい図形に分けます。

　次のあ～くのうち，分けたあとの4つの小さい図形はどれですか。記号で答えなさい。また，どのように分けたのかがわかるように，図1の------の部分を太線でなぞって示しなさい。ただし，図の中の小さい正方形の1辺は1cmで，あ～くの図形は，向きを変えたり，うら返したりすることができるものとします。

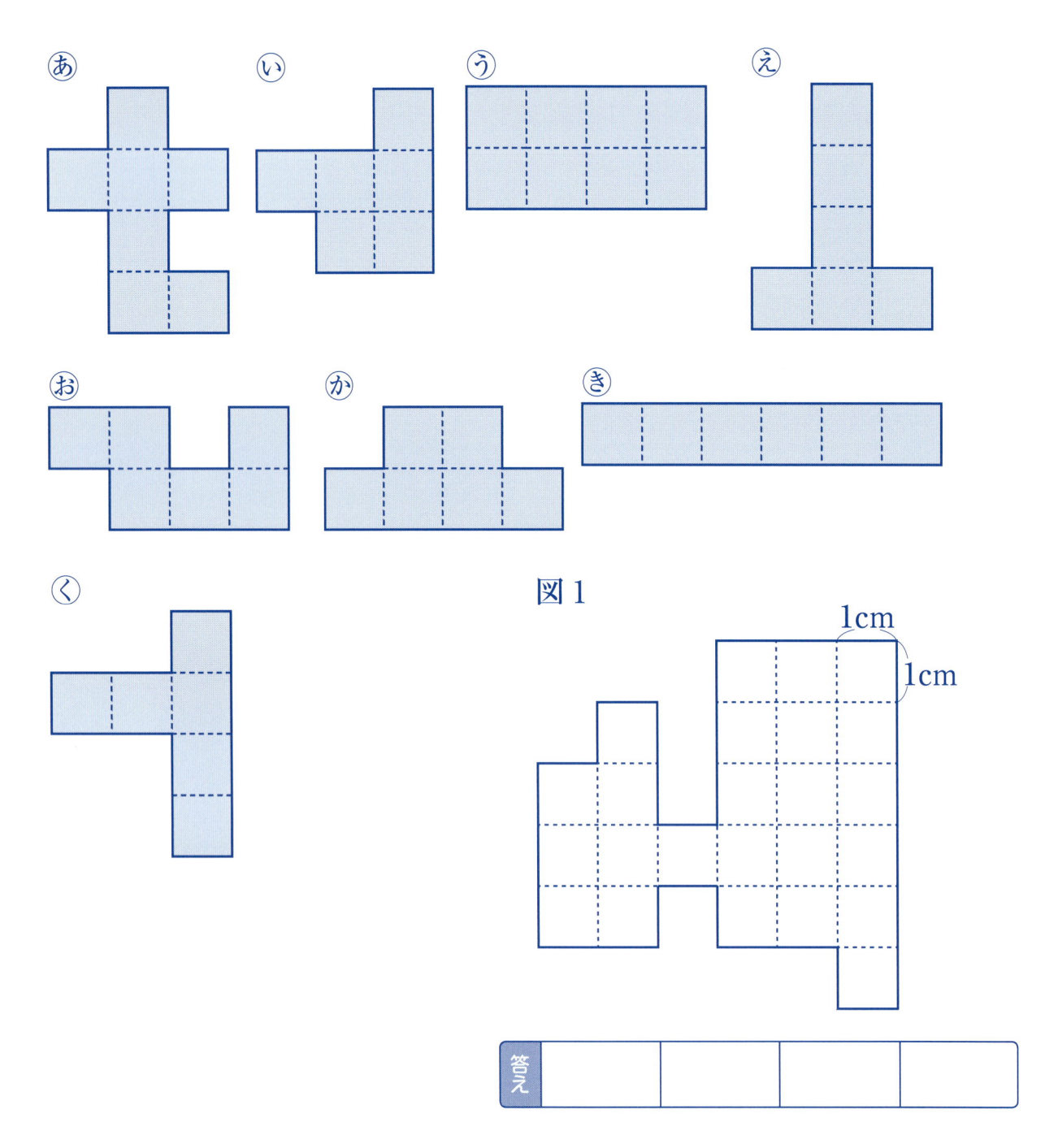

答え

10 さいころ

平面・空間
方向を変える

　右の図のようなさいころがあります。さいころの向かい合う面の目の数の和は7になります。

　このさいころを，下の図のように3個重ねます。

　いちばん上のさいころと真ん中のさいころの重なった面の目の数の和をア，真ん中のさいころといちばん下のさいころの重なった面の目の数の和をイとするとき，アとイはどちらのほうがどれだけ大きいか答えなさい。

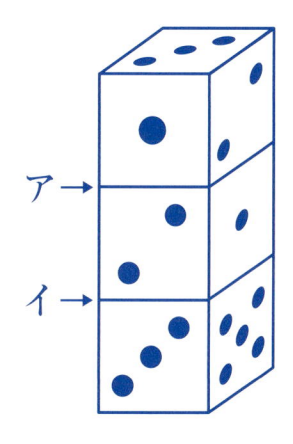

答え ＿＿＿＿＿＿のほうが＿＿＿＿＿＿だけ大きい。

11 かげをつけた部分の面積

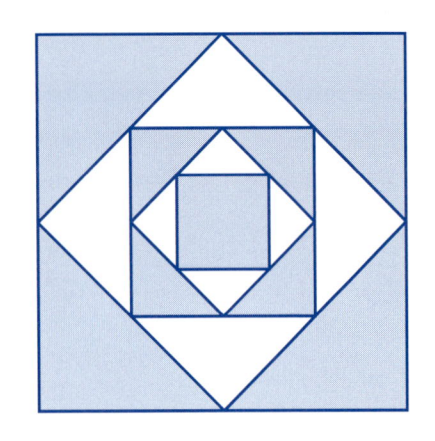

　下の㋐～㋔の5つの正方形を組み合わせて，右の図のような図形をつくりました。かげをつけた部分の面積は何cm²ですか。

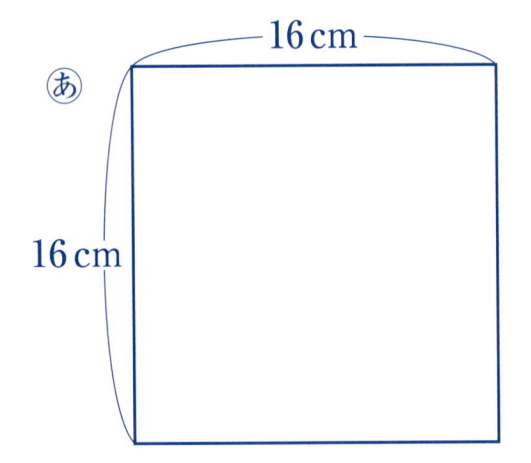

㋐ 16 cm 16 cm

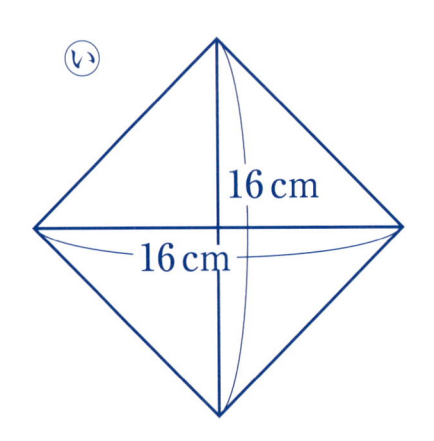

㋑ 16 cm 16 cm

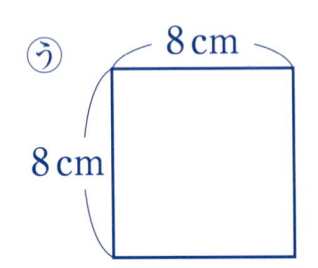

㋒ 8 cm 8 cm

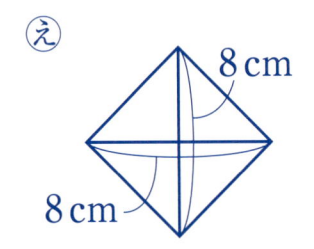

㋓ 8 cm 8 cm

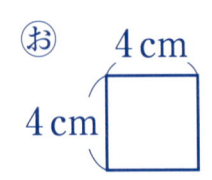

㋔ 4 cm 4 cm

答え

12 分けよう

平面・空間
....
形を変える

　下の図1を点線にそって6つの部分に分けます。どの区切りの中にも6種類の図形が1つずつ入るように区切る方法はいくつかありますが，どのような区切り方をしても使うことができない形は，下のあ～かのうちどれですか。1つ選び，記号で答えなさい。ただし，あ～かの図形は，向きを変えたり，うら返したりすることができるものとします。

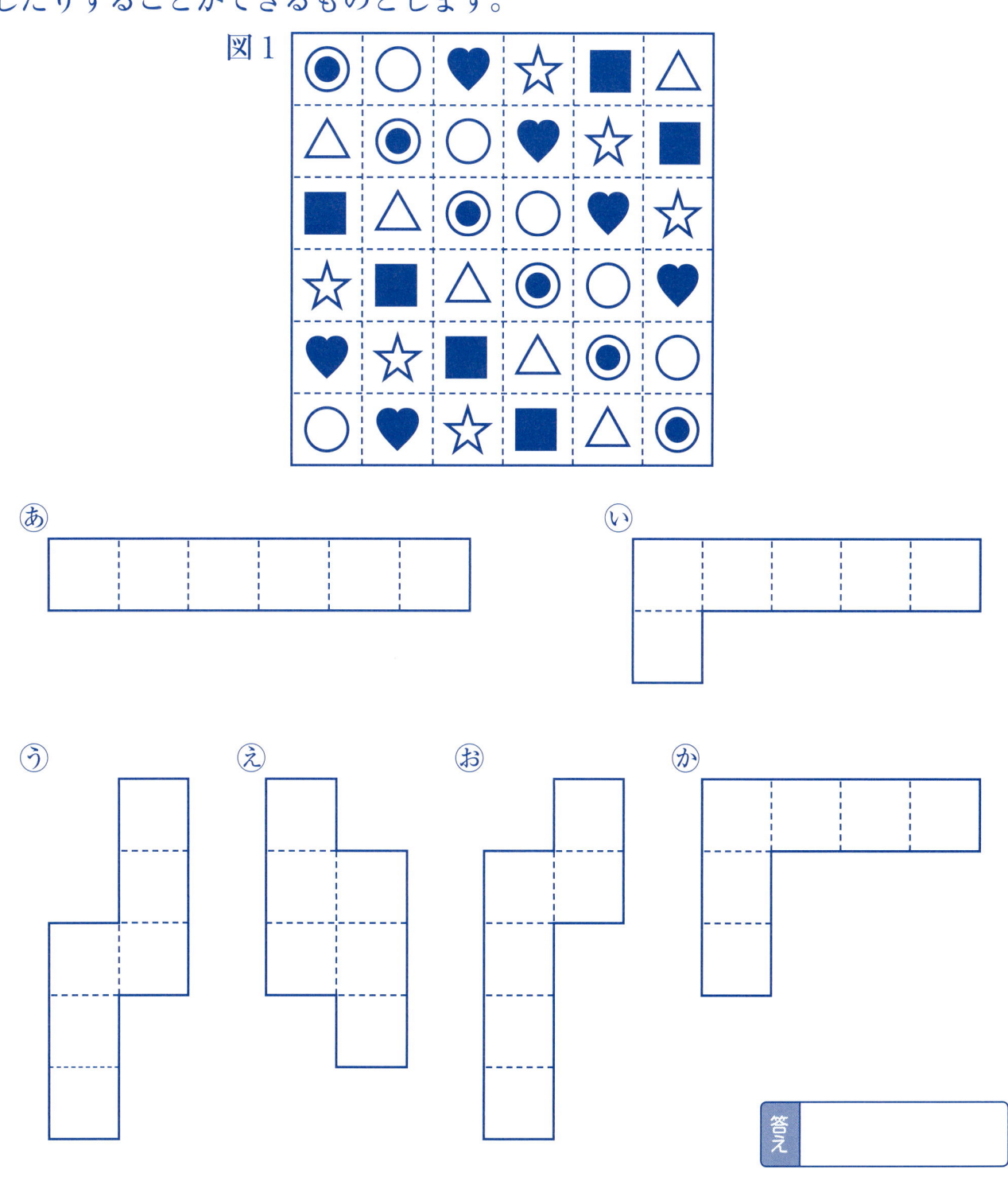

図1

答え

13 マッチぼうと六角形

平面・空間
••••••••••••••••
図形を動かす

　マッチぼうを使って，横につなげた六角形をつくっていきます。たとえば，下の図のように，六角形を 3 個つくるには，マッチぼうが16本必要になります。

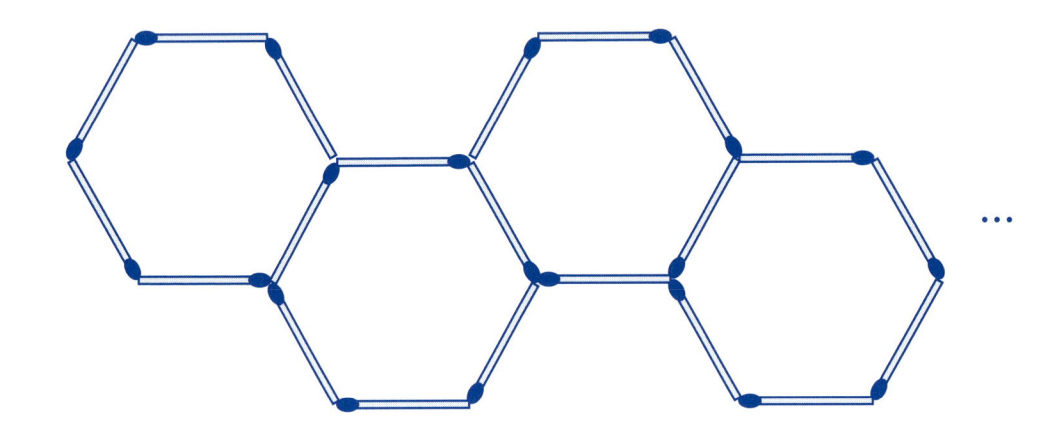

　次の問いに答えなさい。

(1) 六角形を10個つくるには，マッチぼうは全部で何本必要ですか。

答え ＿＿＿＿＿＿＿

(2) 108本のマッチぼうがあります。このマッチぼうを全部使うとすると，六角形は何個つくれますか。

答え ＿＿＿＿＿＿＿

組み合わせると？

平面・空間

形を変える

　同じ図形を4つ組み合わせて右の図の形をつくりました。組み合わせた図形1つ分は，どのような形ですか。下の方眼に形をかきなさい。ただし，図形は回したり，うら返したりして組み合わせてもかまいません。

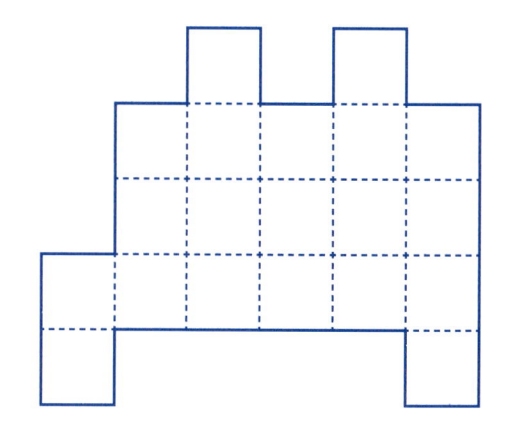

15 さいころのてん開図

平面・空間
··········
方向を変える

さいころは，上の面に⊡が出ると，下の面は⊞となり，上の面に⊡が出ると，下の面は⊡となるように，向かい合う面の目の数の和は７になります。

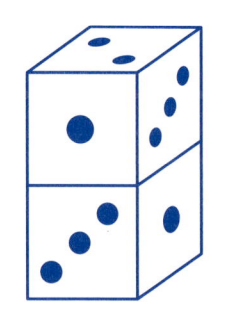

このさいころ２つを組み合わせて右のような直方体をつくります。

このとき，さいころの重なった面の目の数の和は10になります。

下の図は，この直方体のてん開図です。㋐〜㋑に入る目を数字で答えなさい。

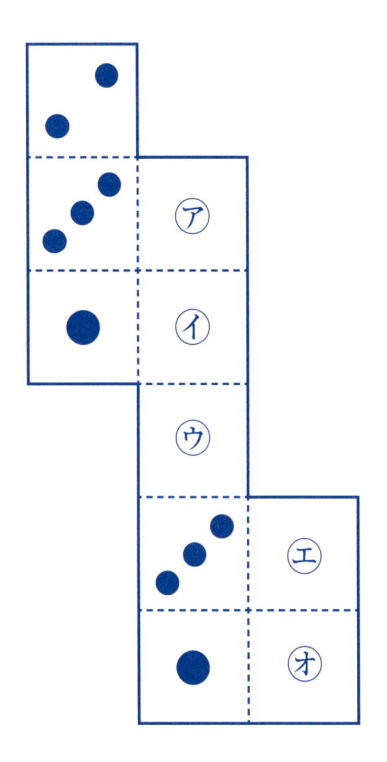

答え	㋐…	㋑…	㋒…	㋓…	㋑…

時計のはりと角度

平面・空間

図形を動かす

次の問いに答えなさい。

(1) 右の時計は，6時10分を表しています。長い
   はりと短いはりの間の角度㋐は何度ですか。

答え␣␣␣␣␣␣␣␣␣␣␣␣␣␣␣

(2) 2時から3時の間で長いはりと短いはりが重なるとき，長いはりはどこに
   ありますか。およその位置を下の図にかき入れなさい。

17 三角形の組み合わせ

平面・空間
形を変える

1 cmの方がん用紙に，次の5種類の三角形をかきました。

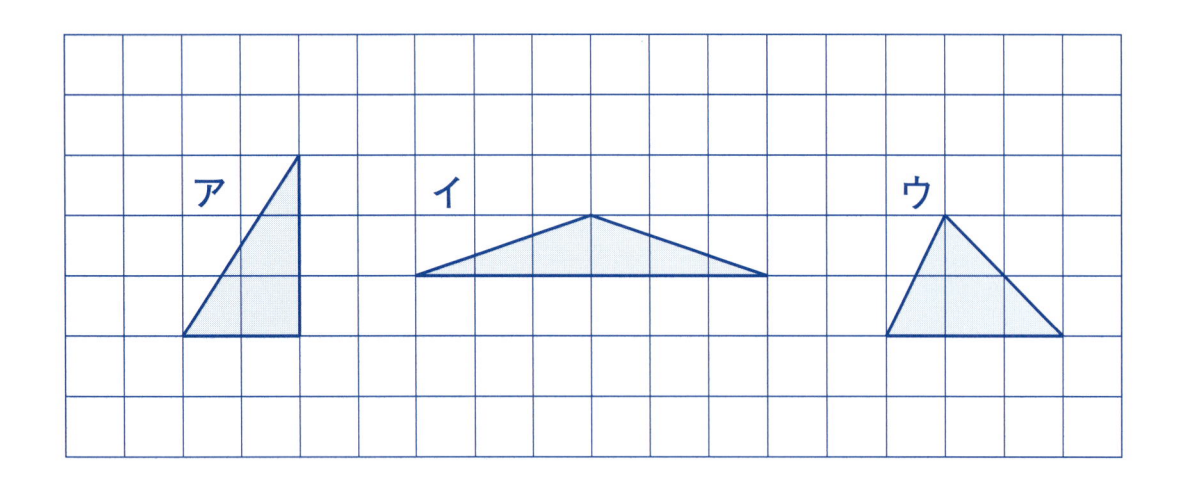

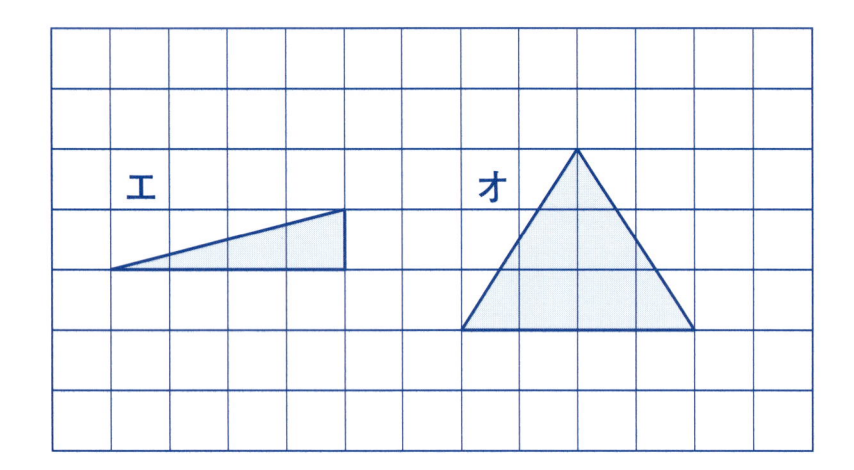

　ア～オの三角形を2つ組み合わせて長方形，ひし形，台形をつくるには，それぞれどの2つを組み合わせればよいですか。その組み合わせ方をすべて答えなさい。ただし，それぞれの三角形は，同じ三角形を2つ組み合わせてもよく，回してもうら返してもよいものとします。

答え	長方形…
	ひし形…
	台　形…

18 積み木の色ぬり

平面・空間
方向を変える

下の図のように，白い立方体の積み木を27個使い，大きい立方体をつくりました。

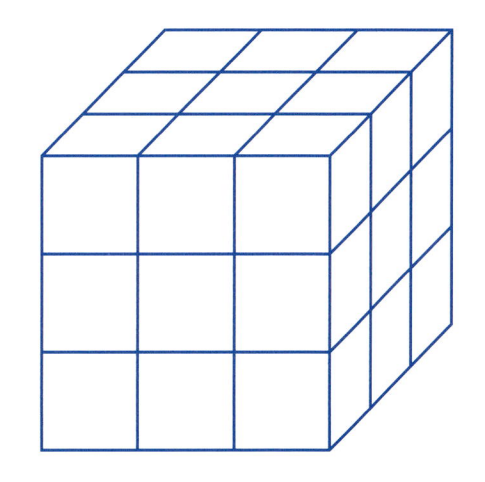

この立方体の上の面には黄色，下の面には青色，残りの面には赤色で色をぬりました。そのあと，大きい立方体をバラバラにし，27個の小さい立方体にぬられた各面の色を調べました。

次の問いに答えなさい。

(1) 白い面が3面，4面，5面，6面ある小さい立方体の数をそれぞれ求めなさい。

答え	3面…	4面…	5面…	6面…

(2) この27個の小さい立方体を使い，まだ色をぬられていない面を外側にして，もう一度，白い大きな立方体をつくり，すべての面に緑色をぬりました。再びバラバラにしたとき，まだ色をぬられていない白い面は全部で何面ありますか。

答え	

19 おはじき

平面・空間

図形を動かす

下の図のように，おはじきを正方形の形にならべていきました。20番目までならべたとき，おはじきは全部で何個使いますか。求め方もかんたんに書きなさい。

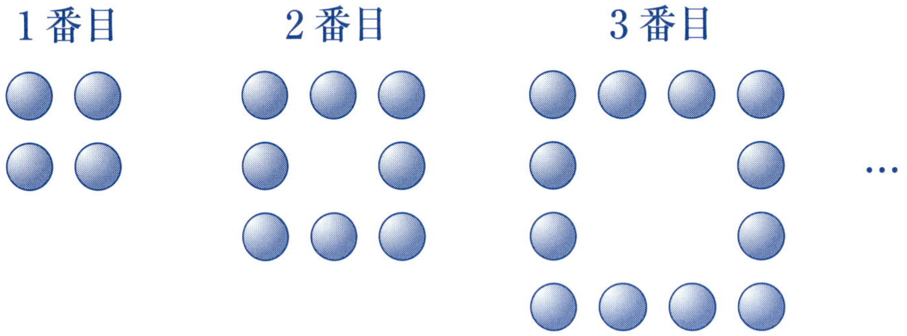

1番目　　　　　2番目　　　　　3番目

...

求め方

答え

もようをかいた立方体

平面・空間
方向を変える

　右の図のような立方体の３つの面の表面に●，✕，■がかいてあり，残りの３つの面には何もかかれていません。

　下の図は，右の立方体を，辺にそって切り開いた図の一部です。この図に太い線をかき入れて，残りの部分を完成させなさい。また，✕がある面には✕をかき入れなさい。

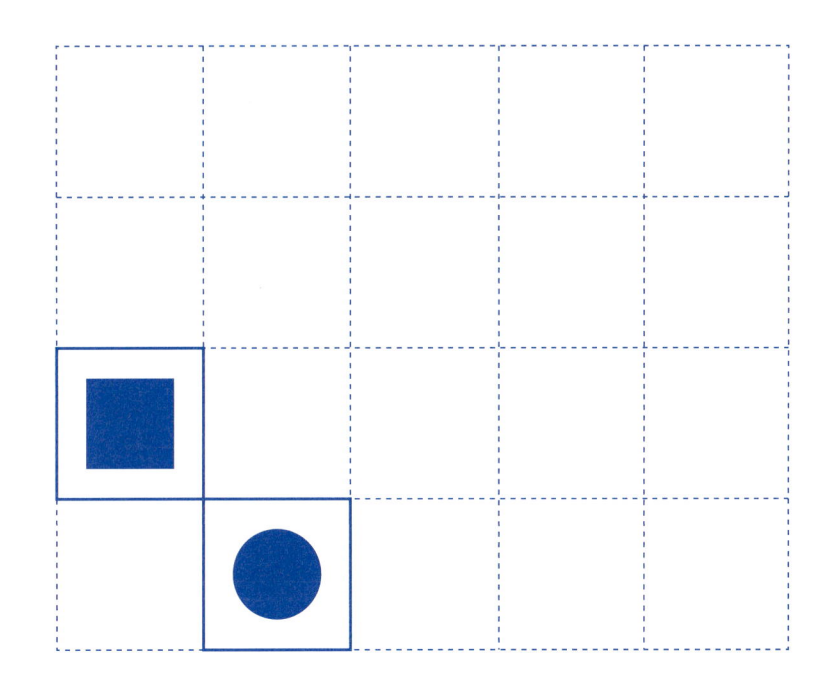

 **箱のてん開図**

平面・空間

方向を変える

さいころの形をした箱に，下の図のようにもようをかきました。

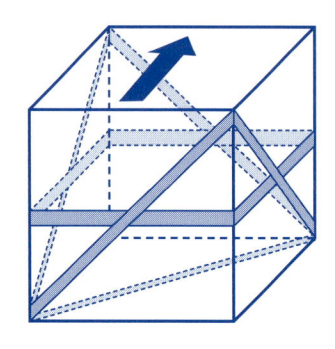

　下のてん開図を組み立てて，上のような箱をつくるとき，もようをかくところを黒くぬりなさい。

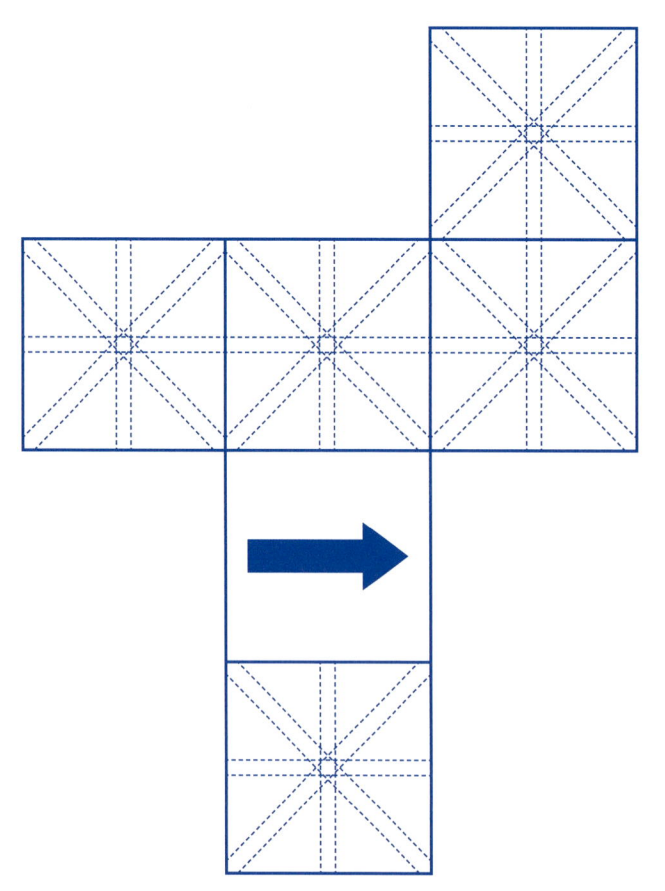

22 路線図

　下の図1のような路線を，図2のように駅を○で，線路を線でかくことを考えます。

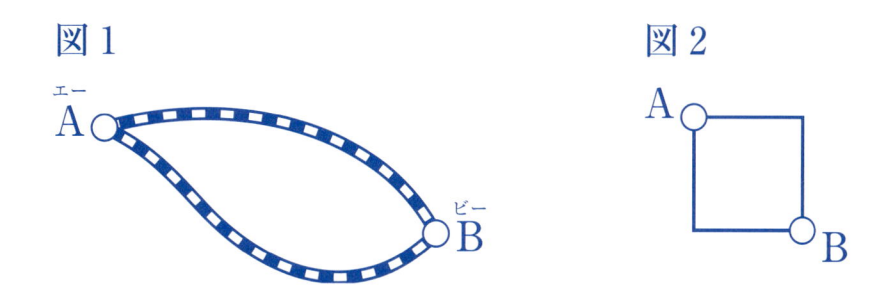

図1　　　　　　　　　　　図2

　図2のような図のことを，便利図とよぶことにします。

　下の図のような路線を，マスを利用して便利図でかきなさい。ただし，どこがAでどこがBかがわかるようにかくこと。

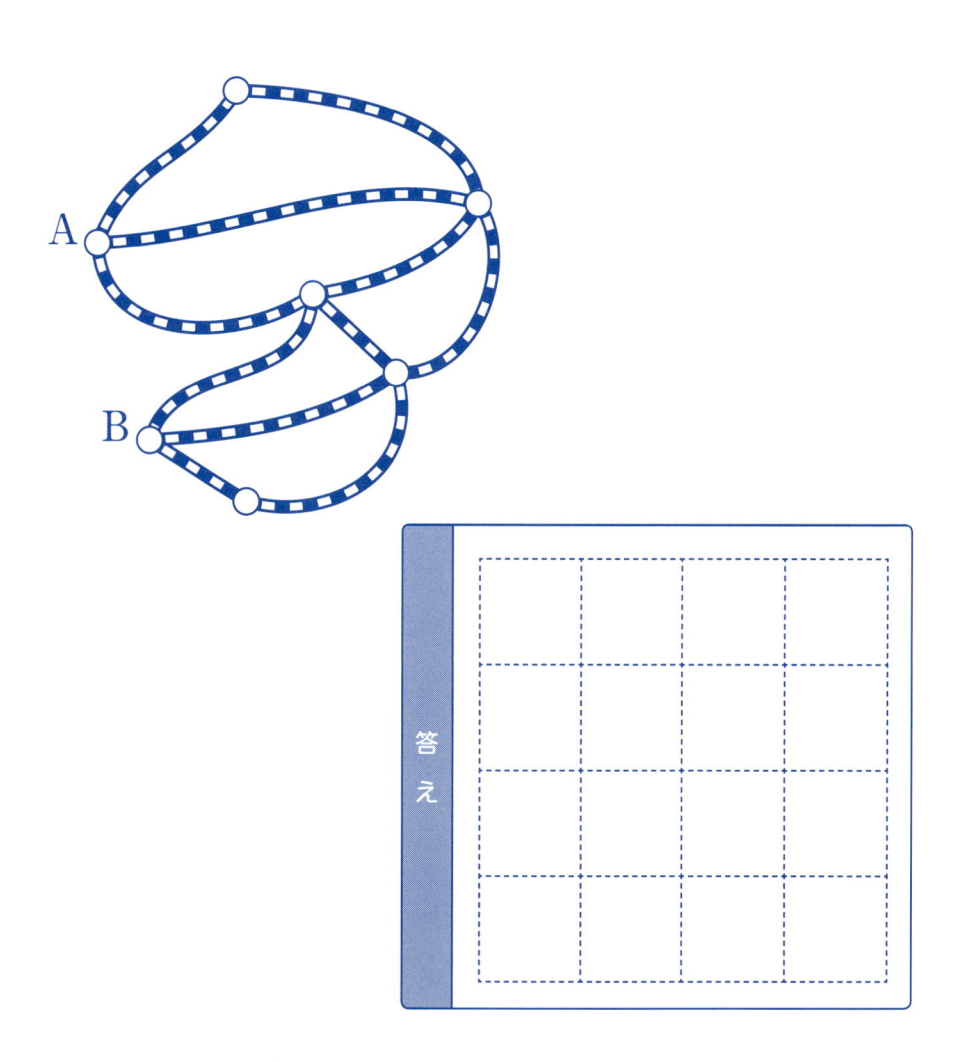

23 点の道すじ

平面・空間
....
図形を動かす

　右の図のような1辺が1cmの正三角形と，1辺が2cmの正方形があります。正三角形は，はじめに①の位置にあります。

　正三角形を，正方形の上を矢印の方向に，すべらないように転がしていきます。正三角形がもとの①の位置と重なるまでに，点アはどのような線をえがきますか。下の図に太線でかき入れなさい。

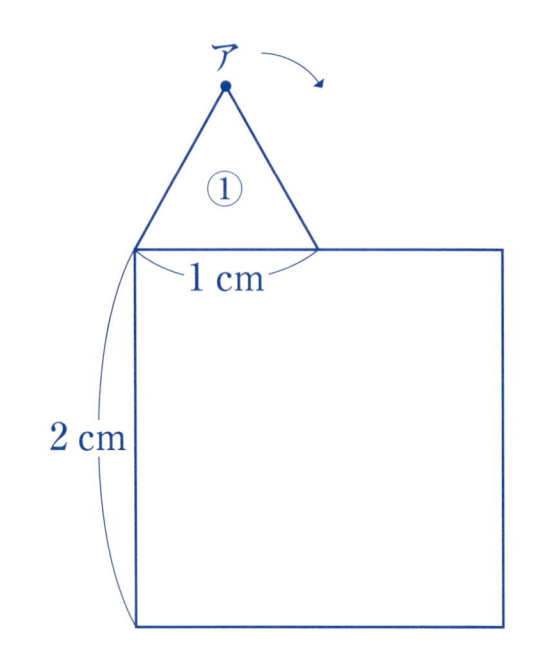

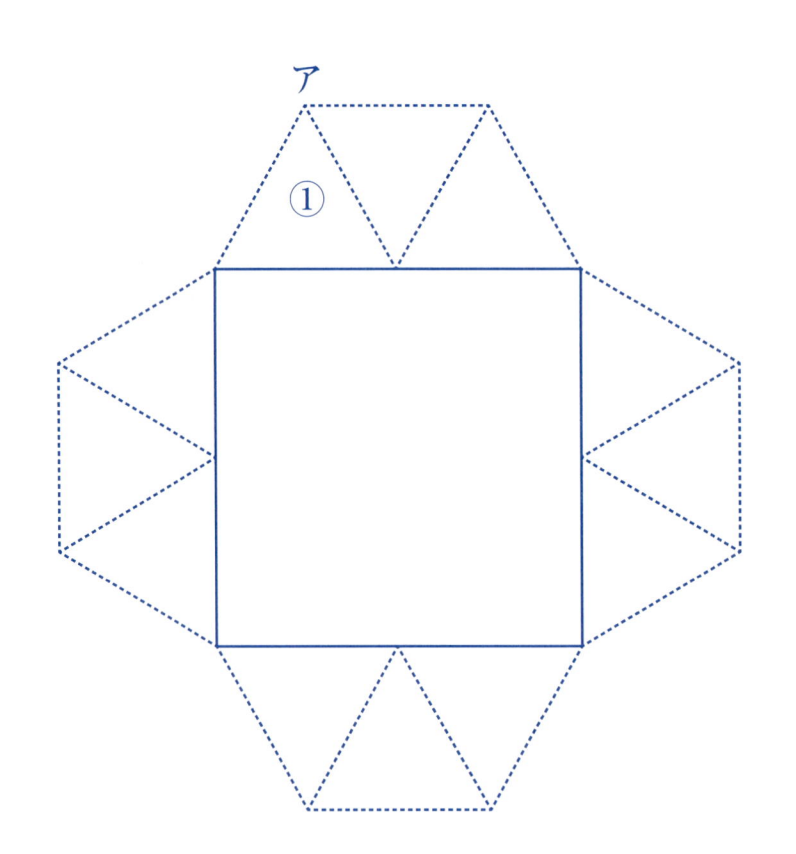

 積み重ねた積み木

平面・空間
方向を変える

下の図のように，立方体の積み木が積んであります。

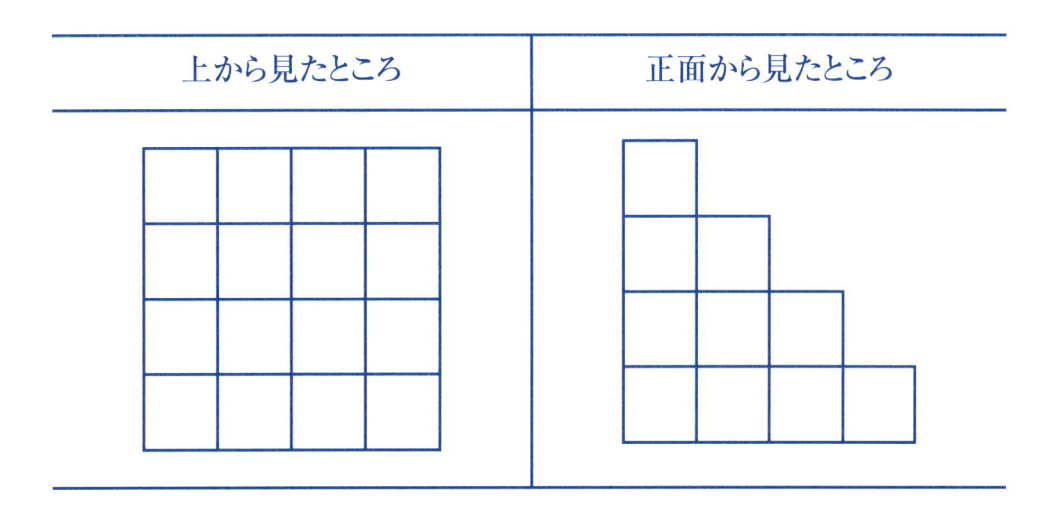

| 上から見たところ | 正面から見たところ |

次の問いに答えなさい。

(1) 上の図のように見える積み方がいくつかあります。その中で積み木の数が
   いちばん少なくなる積み方をしたとき，積み木は全部で何個になりますか。

答え

(2) (1)の積み方をしたとき，横から見たときの見え方として正しくないものを，
   次のあ〜えの中から1つ選びなさい。

あ
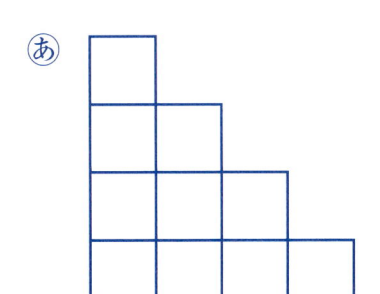

い
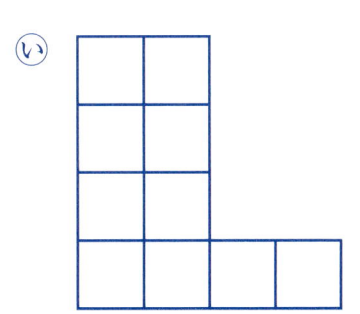

う
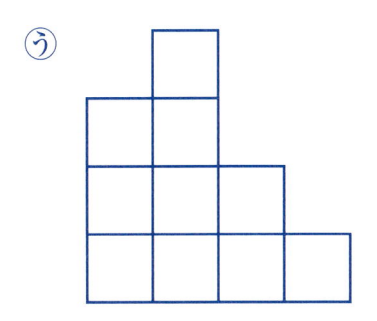

え
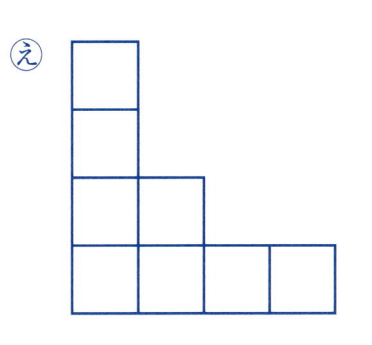

答え

25 重なる図形は？

とう明な紙に図形をかいて重ねることを考えます。

たとえば，下の図1の紙と図2の紙を重ねると，図3のようになります。

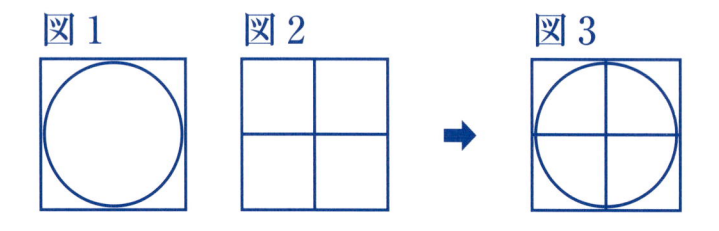

このとう明な紙に正方形のマスを横に9個，たてに4個とり，下の図4のように図形をかきました。

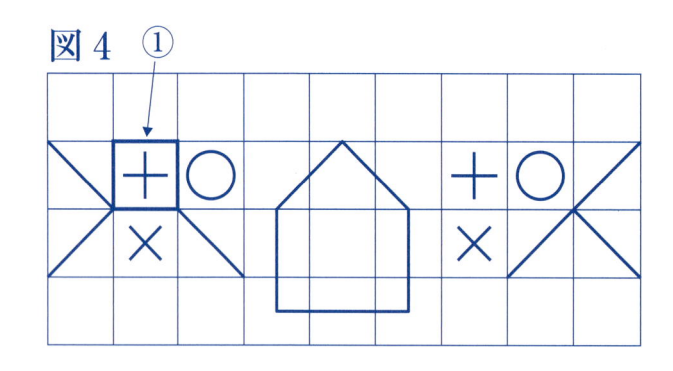

この紙を下の図5のように3つに折ってから，図6のように2つに折りました。

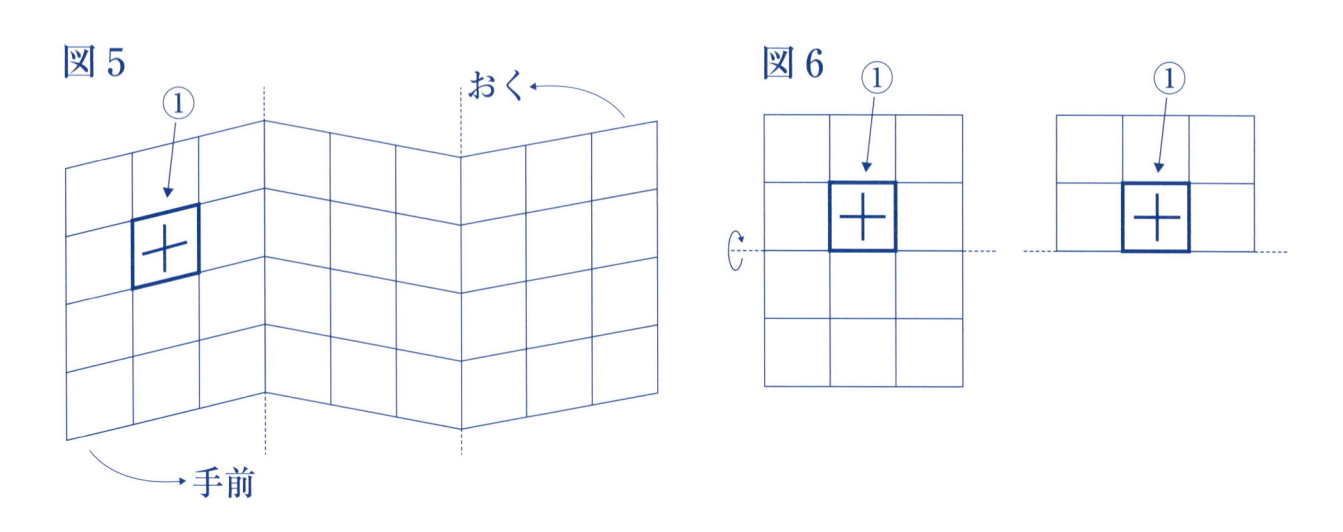

このとき，のところを見るとどのような図形になっていますか。次のあ〜
えの中から1つ選び，記号で答えなさい。

あ

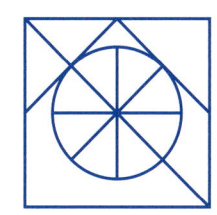

い

う

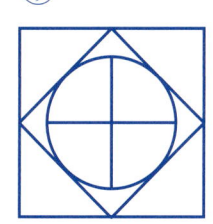

え

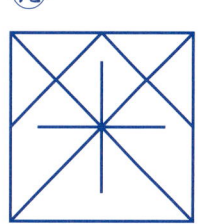

答え

26 立方体に色をぬろう

平面・空間

方向を変える

下の図のように，立方体56個を使って，立体をつくりました。

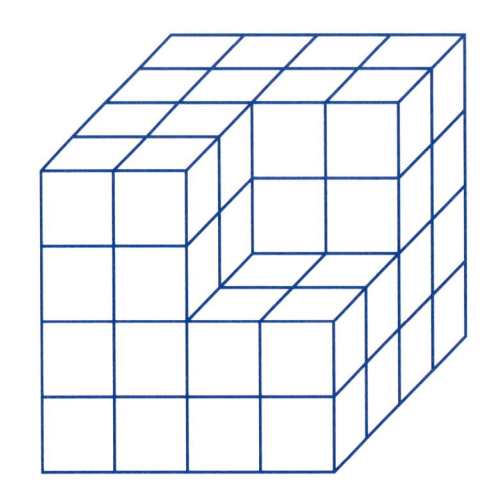

　いま，この立体の外から見えるすべての面に（下になっている面にも）色をぬりました。この立体をもとの56個の立方体に分けるとき，次の問いに答えなさい。

(1) ３つの面に色がぬられている立方体は，全部で何個ありますか。

答え

(2) ２つの面に色がぬられている立方体は，全部で何個ありますか。

答え

(3) どの面にも色がぬられていない立方体は，全部で何個ありますか。

答え

27 箱の形をつくろう

平面・空間
図形を動かす

下の図のように，ひごとねん土玉を使って，１辺がひご１本の立方体をつないでできる大きい立方体をつくっていきます。

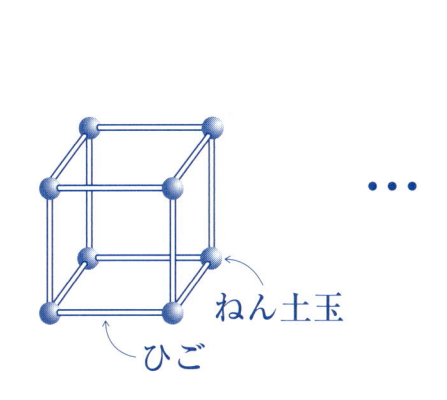 …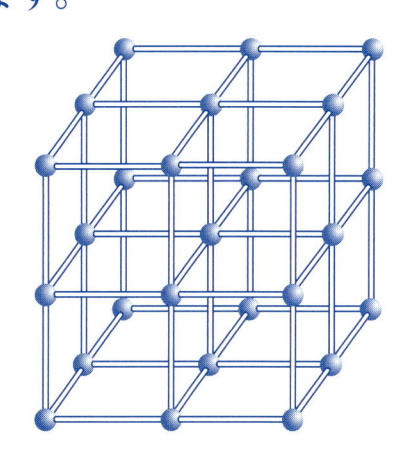

ねん土玉

ひご

次の問いに答えなさい。

(1) １辺がひご４本の立方体をつくるとき，ねん土玉は全部で何個使いますか。

答え

(2) ねん土玉を全部で216個使って大きい立方体をつくったとき，１辺がひご１本の立方体は何個できますか。

答え

28 はり合わせたさいころ

平面・空間
方向を変える

　右のさいころと同じさいころが，6個あります。1つのさいころの向かい合う面の目の数の和は7になります。

　この6個のさいころの面と面をぴったりとはり合わせて，下の図1のような形をつくります。

　この形を正面，上，横から見ると下のようになっています。

正面から見たところ	上から見たところ	横から見たところ
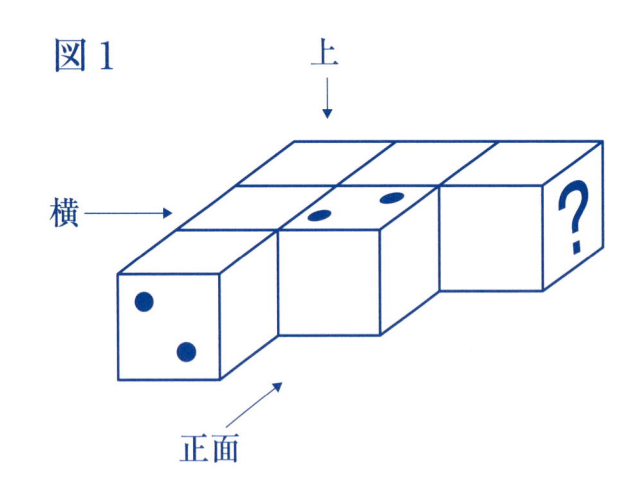		

　はり合わせた2つの面の目の数の和は，すべて8になっています。2の目が下の図のようになっているとき，**?**の面の目は何ですか。数字で答えなさい。

図1

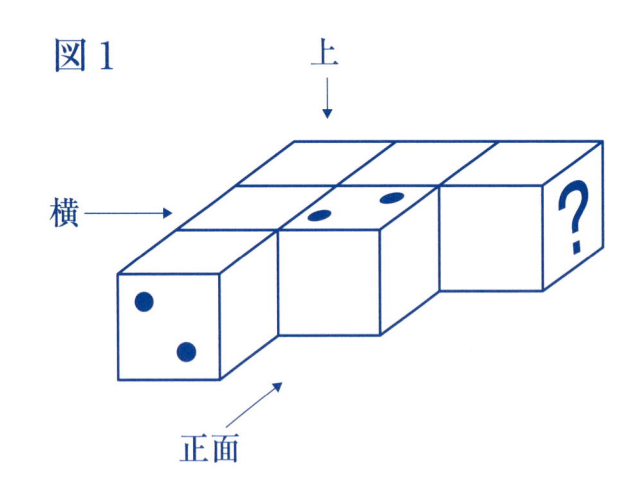

答え

29 は何個？

平面・空間
....
方向を変える

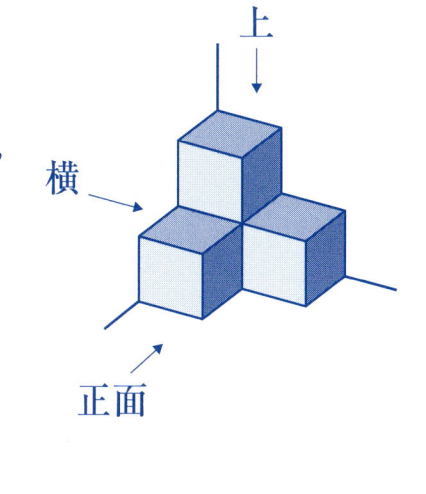

との積み木があり，必ずとがとなりにくるようにすきまなくならべることにします。

たとえば，右の図のようにならべたとき，上，正面，横から見ると下のようになります。

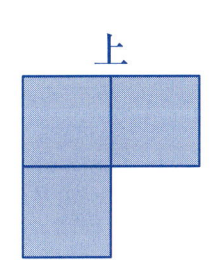
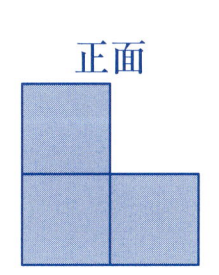
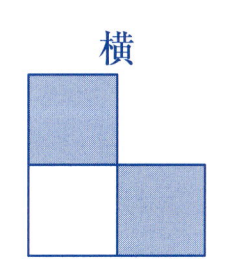

上，正面，横から見ると下のように見えたとき，を何個使っていますか。

上

正面

横

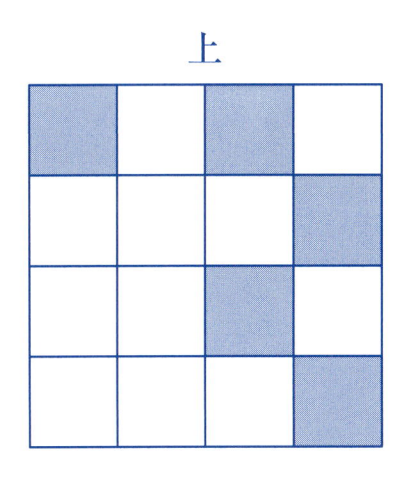
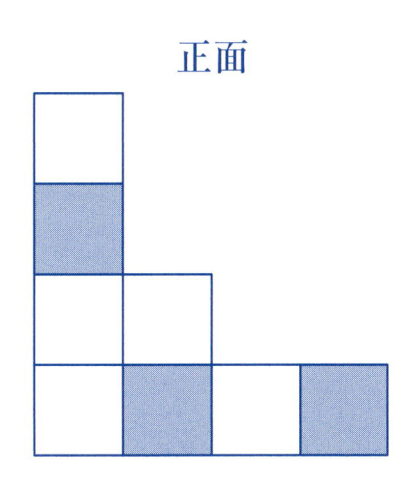
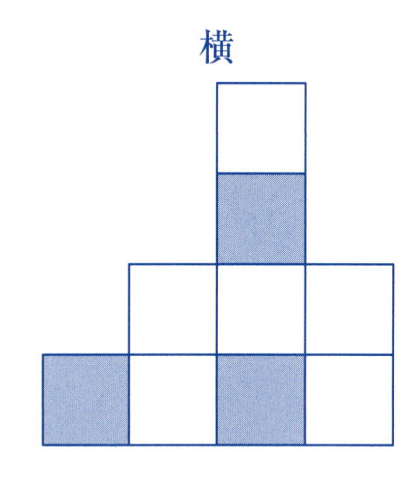

答え

30 時計のはりの角度

平面・空間
　⋯⋯⋯⋯⋯⋯⋯
図形を動かす

次の問いに答えなさい。

（1）1日の間に，時計の長いはりと短いはりが30度になるときは何回ありますか。

答え

（2）次の㋐～㋒の時こくを，時計の長いはりと短いはりの角度が小さい順にならべなさい。

　　㋐　2時1分　　　㋑　3時5分　　　㋒　9時58分

答え

1 4まいの紙

平面・空間

形を変える

　たてが3cm，横が11cmの長方形の紙が4まいあります。この4まいの紙を，下の図のように，紙の角（かど）が重なるようにおきました。

　ななめの線の部分の面積は何cm²ですか。また，求め方もかんたんに書きなさい。図を使って説明してもかまいません。

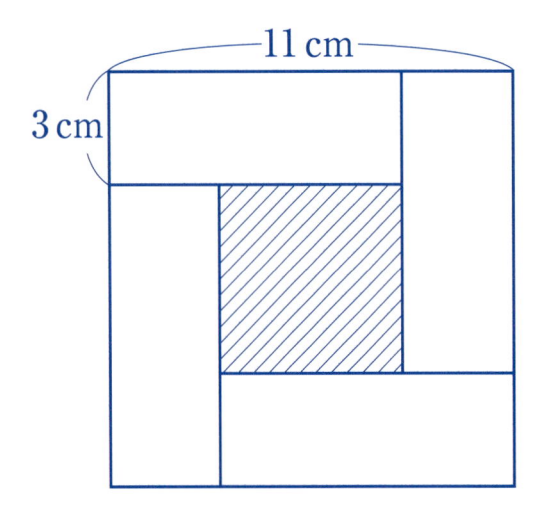

求め方

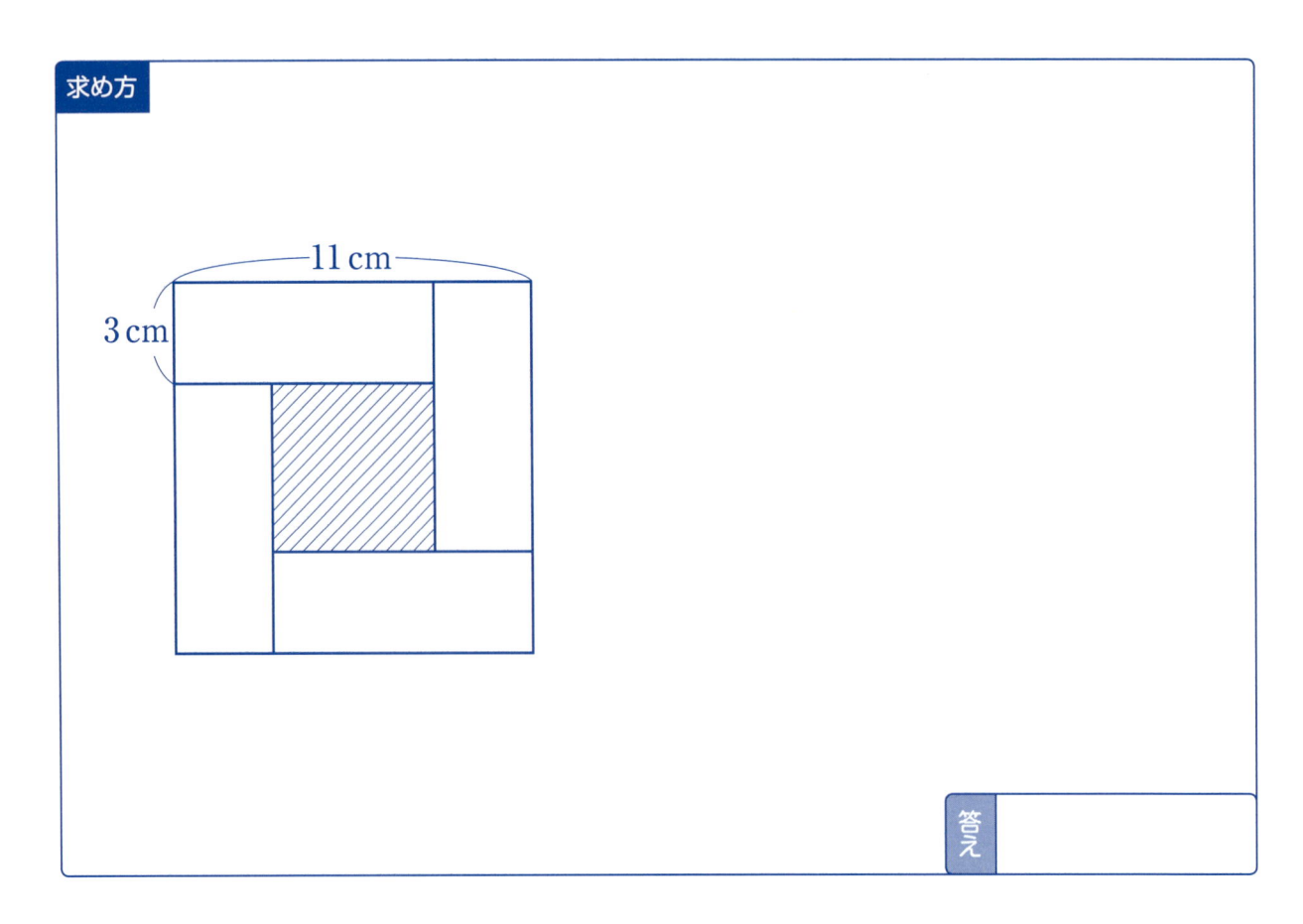

答え

2 組み合わせると？

　1辺が4cmの正方形を，右の図のように，4つの同じ形に切り分けます。

　この4つの形を組み合わせてつくることができる正方形以外の形を，下のマスの中におさまるように1つかきなさい。ただし，切り分けた形は，回してもかまいせん。

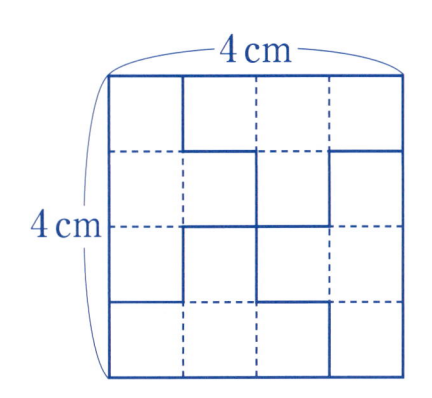

3 三角形の組み合わせ

平面・空間
....
形を変える

1cmの方眼用紙に，次の3種類の三角形をかきました。

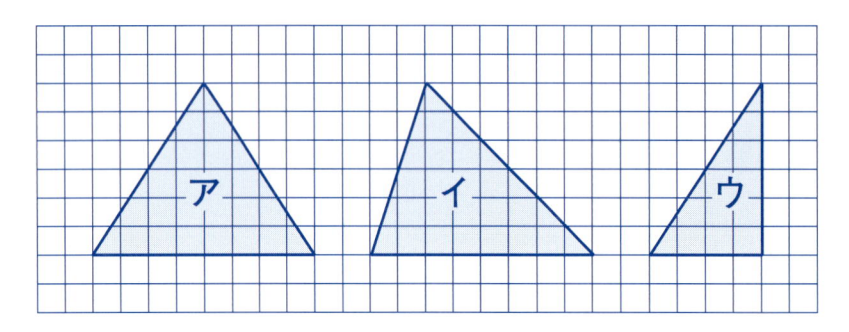

次の問いに答えなさい。

(1) アの三角形を右の図のように2つ組み合わせると，ひし形ができます。イの三角形を2つ組み合わせると平行四辺形をつくることができます。イの三角形の組み合わせ方の図をすべてかきなさい。ただし，イの三角形は，うら返さないものとします。

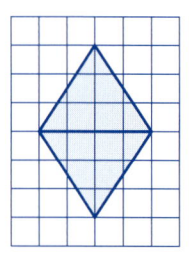

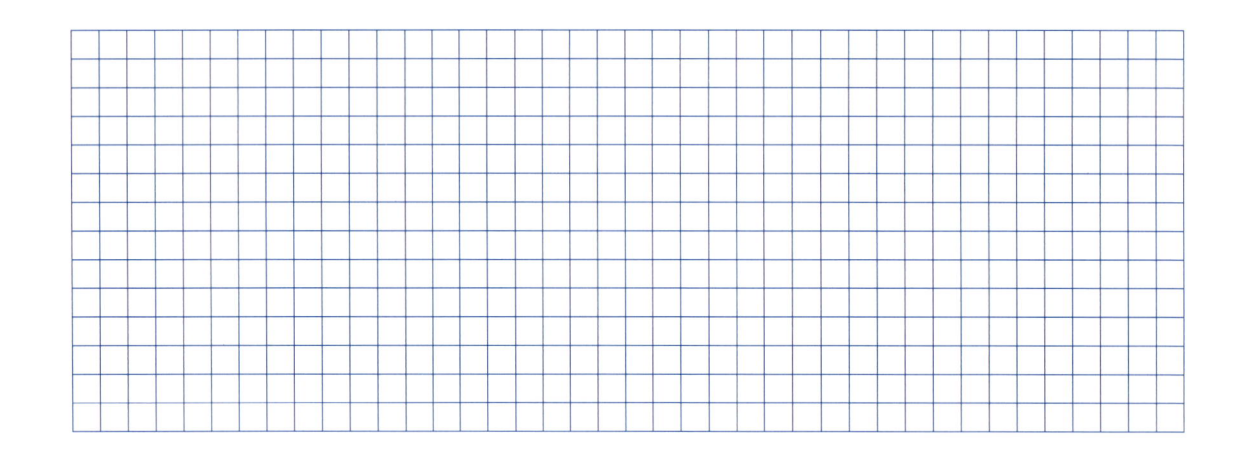

(2) **ウ**の三角形を型紙として使い，右の図のようにぬいしろをつけた三角形の布をたくさん用意することにしました。

　たて36cm，横24cmの布から，この三角形の布は最大で何まいとれますか。

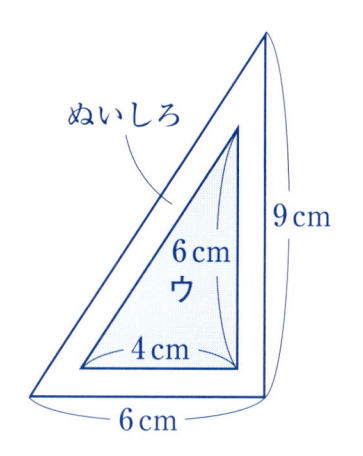

ぬいしろ

9cm

6cm

ウ

4cm

6cm

答え

4 長方形と正方形

平面・空間
……………………
形を変える

下のような長方形あと長方形いと正方形うがあります。これらを，辺がぴったり重なるようにならべると，右下のような大きな正方形ができました。あの面積は40cm²，いの面積は65cm²です。できた大きな正方形の面積は何cm²ですか。

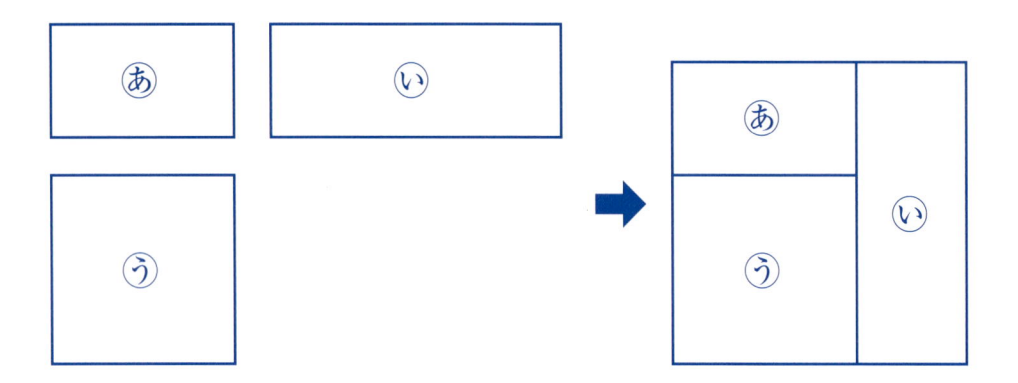

答え

 5 市松もよう

形を変える

市松もようとは，2つの色の正方形または長方形をたがいちがいにならべたもようです。

いま，1辺が1cmで白と黒の正方形でつくられた市松もようの長方形ABCDを考えます。この長方形ABCDのたては7cmで，横は9cmです。

この長方形ABCDを対角線で半分にした直角三角形ABCについて，次の問いに答えなさい。

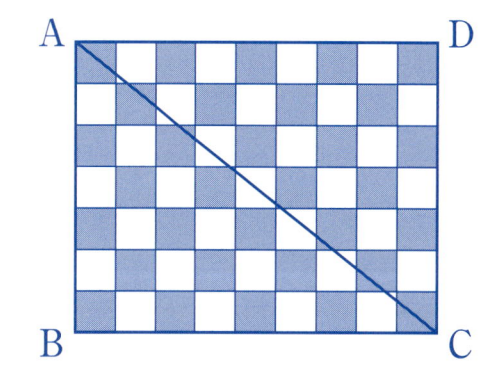

(1) 黒い部分の面積と白い部分の面積では，どちらが何cm²大きいですか。

> 答え

(2) 黒い部分の面積と白い部分の面積は，それぞれ何cm²ですか。

答え	黒い部分…	白い部分…

 **3人の家の間のきょり**

平面・空間
形を変える

せいじさん, みかさん, ことねさんの家があり, 三角形の形にまっすぐな道で結ばれています。

　・せいじさんの家→みかさんの家→ことねさんの家の順に行くと240m

　・みかさんの家→ことねさんの家→せいじさんの家の順で行くと260m

　・ことねさんの家→せいじさんの家→みかさんの家の順で行くと220m

です。

　このとき, 3人の家の間のきょりをそれぞれ求めなさい。

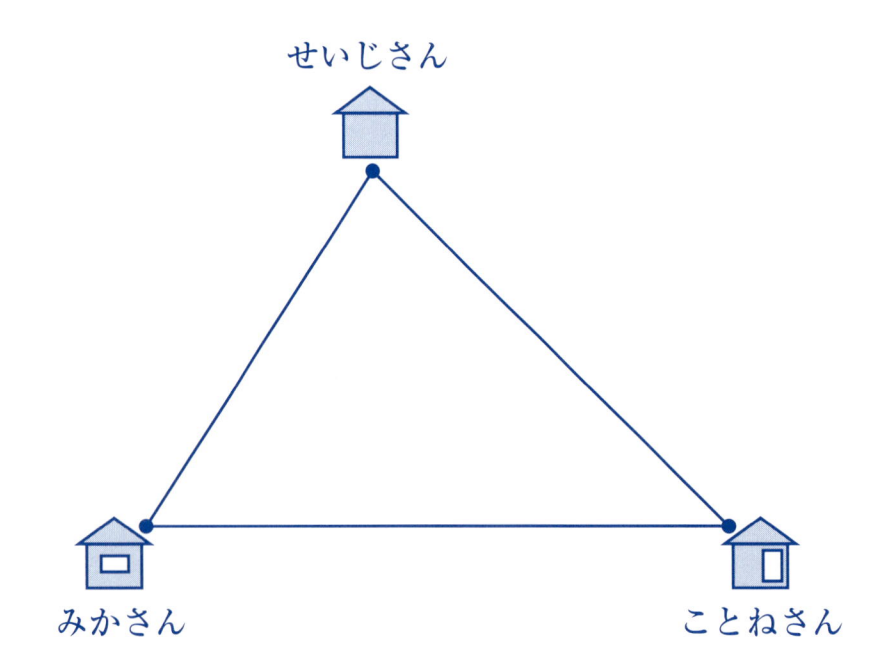

答え	せいじさん－みかさん…
	みかさん－ことねさん…
	ことねさん－せいじさん…

7 正方形の面積

たて，横1cmの間かくでならんでいる点を結ぶと，いろいろな大きさの正方形がつくれます。

下の図1の線を1辺とする正方形をつくると，図2のようになり，その面積は2cm²になります。

図1　　　　　　　　　　　図2

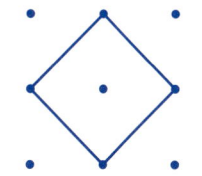

次の(1)，(2)にひいた線を1辺とする正方形の面積は何cm²になりますか。

(1)

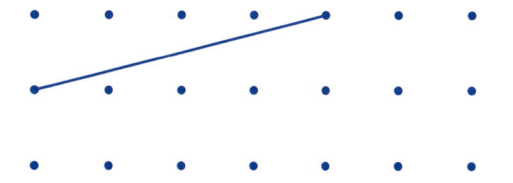

(2)

答え

答え

8 立方体の色ぬり

平面・⟨空間⟩
··················
方向を変える

下の図のように，小さい立方体35個を使って，図形をつくりました。

いま，この図形の外から見える面だけに（下になっている面にも）色をぬりました。この図形をもとの小さい立方体に分けるとき，1つの面，2つの面，3つの面，4つの面，5つの面に色がぬられている小さい立方体は，それぞれ何個ずつあるか答えなさい。

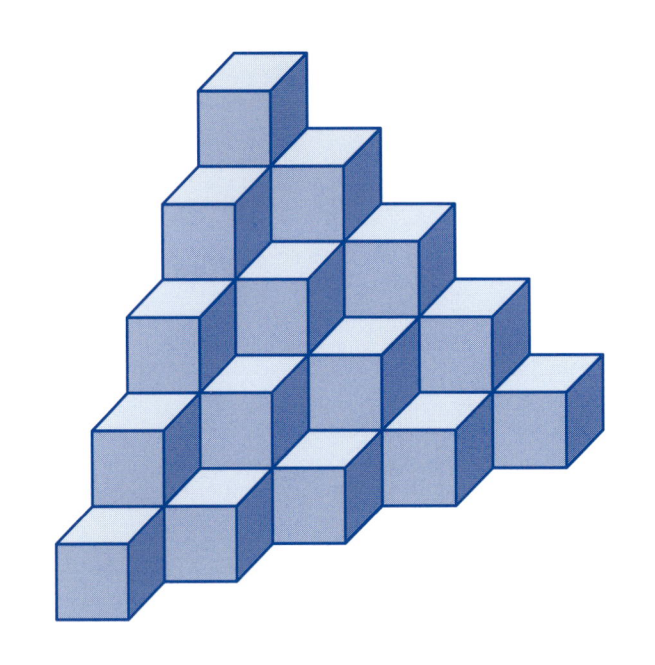

答え	1つの面…
	2つの面…
	3つの面…
	4つの面…
	5つの面…

9 直角三角形をつくろう

平面・空間
....
形を変える

右の図のようにならんだ9つの点があります。このうちの3つの点をちょう点とする直角三角形をかきます。

次の問いに答えなさい。

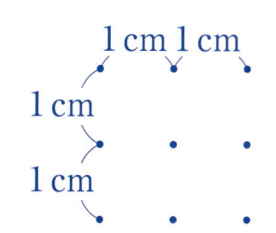

(1) ⓐと面積がちがう直角三角形を2つ(ⓘ, ⓤにそれぞれ1つずつ)かきなさい。ただし, ⓘとⓤも面積のちがう直角三角形にしなさい。

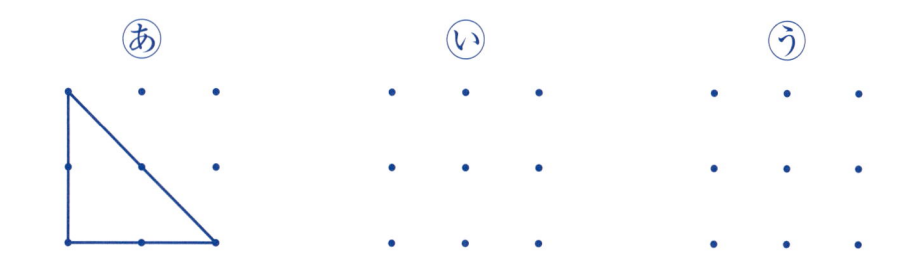

(2) 同じ面積で, 形のちがう直角三角形を2つ(ⓔ, ⓞにそれぞれ1つずつ)かきなさい。

ただし, うら返したり, 動かしたりしてぴったり重なるものは同じ形とし, (1)でかいた直角三角形と同じものをかいてもよいものとします。

10 さいころを転がす

平面・空間
·········
方向を変える

　右のようなさいころを下の図の⑦のマスに置き，マスにそってすべらないように時計回りに転がします。さいころの向かい合う面の目の数の和は7になります。

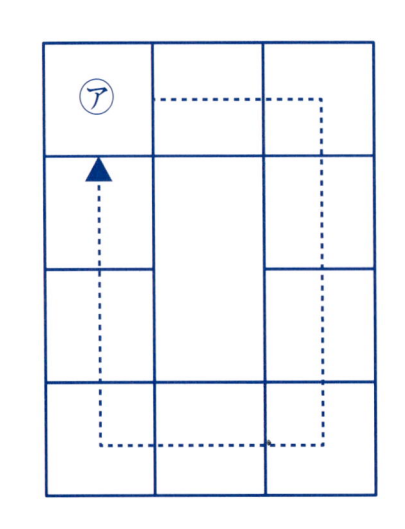

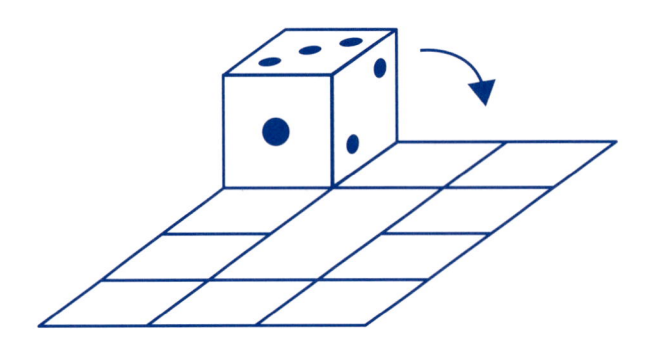

　次の問いに答えなさい。

(1) 1周回って⑦にもどってきたとき，さいころの下の面の数は何ですか。

答え

(2) さいころを100周分進めたとき，さいころの下の面の数は何ですか。

答え

算数ラボ 図形

空間認識力のトレーニング

答えと考え方

7級

ステージ①

1 切ってくっつける　p.6

下の図のように，太線のところで切りはなし，つなぎ合わせると正方形をつくることができます。

(1)
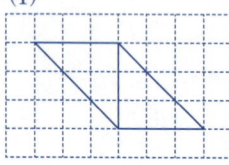

(2)
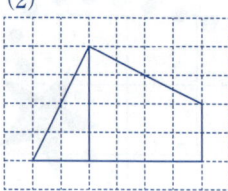

(3)
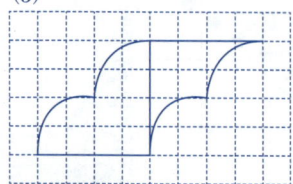
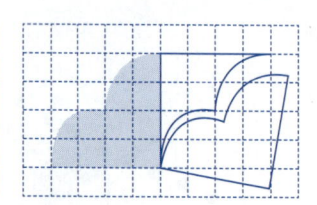

答え　上の図のようになります。

類題 p.40，p.70

2 大きな正方形をつくろう　p.7

すでに2つの図形が入っているので，右に入るのはⓐしかありません。また，左下に入るのはⓘ（うら返した形）しかありません。

残った部分にⓤが入ります。ですから，組み合わせ方は右の図のようになります。

答え　上の図のようになります。

類題 p.38，p.78

3 組み合わせると？　p.8

1辺1cmの正方形があまらないように右下，左下，真ん中，上の順番で組み合わせていくと右の図のようになります。

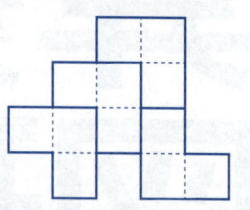

答え　上の図のようになります。

類題 p.46，p.83

4 分けよう　p.9

左下すみの○が入る区切りを考えます。

右の図1，図2のように区切ると，左上すみの○が入る区切りがうまくつくれません。

すると，図3のように区切るしかありません。

あとは，○がうまく分けられるように，いろいろためしながら，区切りを見つけていきます。

図1

図2

図3

答え

または

類題 p.45，p.81

5 カレンダーと正方形　　p.10

　右下に３マス×３マスの正方形が入ります。すると，４月７日が１マスになりますから，ここに１マス×１マスの正方形を入れると，残りが４マス×４マスの正方形になります。

答え

日	月	火	水	木	金	土
					1	2
3	4	5	6	7	8	9
10	11	12	13	14	15	16
17	18	19	20	21	22	23
24	25	26	27	28	29	30

類題 p.48, p.76

6 箱に入ったボール　　p.11

(1) 箱の中には，ボールがたてと横に４個ずつ入っています。箱の底の面の１辺の長さは48cmですから，ボールの直径は，

　　$48 \div 4 = 12$(cm)

(2) 箱の横の長さが48cmですから，ボールは横に４個入っています。このとき，ボールはたてに，

　　$20 \div 4 = 5$(個)

入っていますから，箱のたての長さは，

　　$12 \times 5 = 60$(cm)

　　答え　（１）　12cm

　　　　　（２）　60cm

類題 p.42, p.71

7 重なっている部分の面積　　p.12

（求め方の例）

　下の図のように，重なっている部分は長方形で，たてが$10 - 7 = 3$(cm)，横が$10 - 3 = 7$(cm)ですから，

　　$3 \times 7 = 21$(cm²)

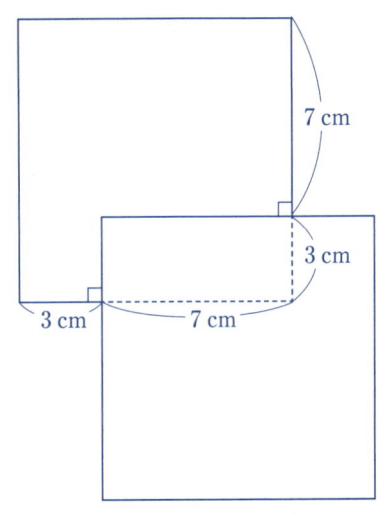

　　答え　21cm²

　　求め方は上のようになります。

類題 p.44, p.75

8 かげをつけた部分の面積　　p.13

　あ，い，うの面積を求めると，次のようになります。

　　あ…$8 \times 8 = 64$(cm²)

　　い…$6 \times 6 = 36$(cm²)

　　う…$2 \times 2 = 4$(cm²)

(1) かげをつけた部分の面積は，あ－いで求められますから，

　　$64 - 36 = 28$(cm²)

(2) かげをつけた部分の面積は，あ－い＋うで求められます。あ－いは(1)で求めたので，

　　$28 + 4 = 32$(cm²)

　　　　答え　（１）　28cm²

　　　　　　　（２）　32cm²

類題 p.51, p.80

9　4まいの紙　　　　　　　　　p.14

下の図のようになるので，正方形の1辺の長さは，

$8-2=6(cm)$

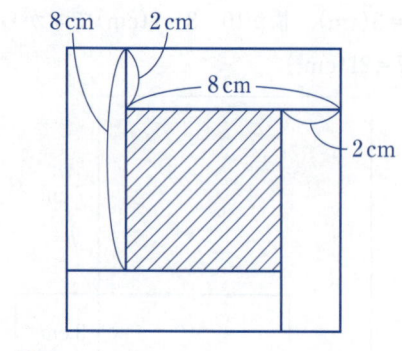

答え　6cm

類題 p.52, p.73

10　三角形の組み合わせ　　　　p.15

三角形アの同じ辺を合わせるように組み合わせるとよいので，下の図のようになります。

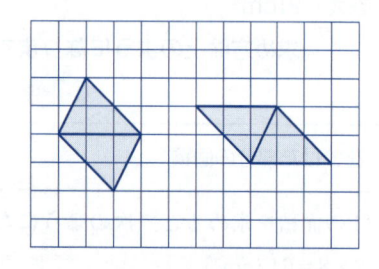

答え　上の図のようになります。

類題 p.49, p.86

11　ぼうと正三角形　　　　　　p.16

（1）下の図のようになりますから，ぼうは全部で11本必要です。

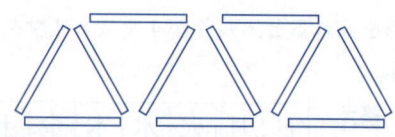

（2）下のような図にしてみると，正三角形の数が1個増えるごとに，ぼうの本数が2本必要になることがわかります。

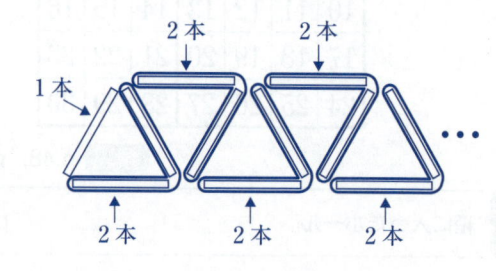

いちばん左の1個目の正三角形のぼうの数は，

$1+(2×1)=3(本)$

3個目の正三角形のぼうの数は，

$1+(2×3)=7(本)$

ですから，□個目の正三角形のぼうの数が25本の場合は，

$1+(2×□)=25$

$2×□=25-1$

$2×□=24$

$□=24÷2$

$□=12$

となり，正三角形は12個つくれることがわかります。

答え　（1）　11本

**　　　（2）　12個**

類題 p.43, p.82

12 正方形を切った面積　　　　　　　　p.17

(1) 2まいの半分になっていますから，1まい分です。

(2) 正方形の紙は，全部で4×4＝16（まい）あります。ここから4まい分の三角形2つを切り取るので，

16－4×2＝8（まい分）

となります。

(3) 正方形の紙は，全部で4×4＝16（まい）あります。ここから2まい分の三角形4つを切り取るので，

16－2×4＝8（まい分）

となります。

答え　（1）　1まい分

（2）　8まい分

（3）　8まい分

類題　p.50，p.74

13 路線図　　　　　　　　　　　　　　p.18

(1) ○の数が4つでAから出ている線が2本，Bから出ている線が3本であるものをさがします。◯があてはまり，残った2つの○から出ている線の数も正しいことがわかります。

(2) 便利図では○の数は4つ，Aから2本，Bから3本の線が出ています。それにあてはまる路線の図は⑦で，残った2つの駅と路線の関係も正しいことがわかります。

答え　（1）　◯

（2）　⑦

類題　p.56，p.91

14 おはじきの数　　　　　　　　　　　p.20

（求め方の例）

　下の図のように，おはじきをならべ変えるとたてに3個，横に7個ならぶので，おはじきの個数は，

3×7＝21（個）

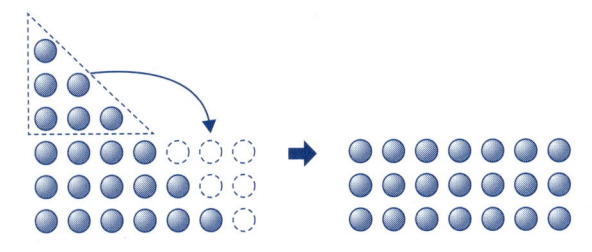

答え　21個

求め方は上のようになります。

類題　p.53，p.88

15 正方形の面積　　　　　　　　　　　p.21

(1) 方眼1つ分の面積は，1×1＝1（cm²）です。

　⑦のかげをつけた部分の面積は，方眼2つ分の半分ですので，

1×2÷2＝1（cm²）

　⑦のかげをつけた部分の面積は，方眼4つ分の半分ですので，

1×4÷2＝2（cm²）

(2) ①は，右の図のように，あの部分が4つになります。

あの部分は方眼1つ分の半分ですので，0.5cm²です。ですから，求める面積は，

0.5×4＝2（cm²）

　②は，右の図のように，いの部分が4つとうの部分が1つになります。

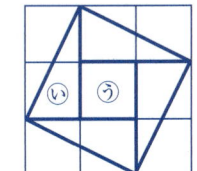

　うの部分は，方眼1つ分ですので，1cm²です。いの部分は，方眼2つ分の半分ですので，1cm²です。ですから，求める面積は，

1＋1×4＝5（cm²）

　③は，右の図のように，えの部分が4つとおの部分が1つになります。

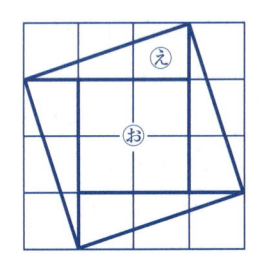

　おの部分は，方眼4つ分ですので，4cm²です。えの部分は，方眼3つ分の半分ですので，1.5cm²です。ですから，求める面積は，

4＋1.5×4＝10（cm²）

　④は，右の図のように，かの部分が4つになります。

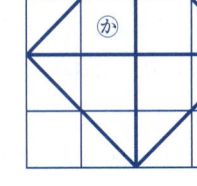

　かの部分は方眼4つ分の半分ですので，2cm²です。

　ですから，求める面積は，

2×4＝8（cm²）

ですから，面積が5cm²の正方形は②とわかります。

答え　（1）　⑦…1cm²，①…2cm²

（2）　②

類題　p.55，p.77

16 マッチぼう　　　　　　　　　　p.22

(1) 正三角形を1個つくるのに3本のマッチぼうを使いますから，

$$24 \div 3 = 8（個）$$

正三角形は8個つくることができます。

(2) 下の図のようにいちばん上のだんに1個，真ん中のだんに3個，いちばん下のだんに5個あるので，

$$1 + 3 + 5 = 9（個）$$

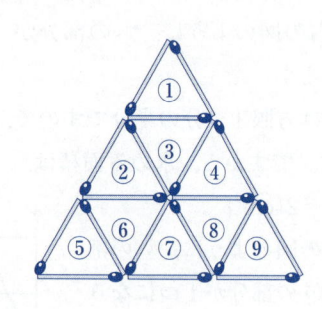

　　　　答え　（1）　8個
　　　　　　　（2）　9個

類題 p.61, p.72

17 時計のはりと角度　　　　　　　p.23

(1) 時計の1周は360度です。時計には12個の数字が書かれているので，となり合った数字の間の角度は，

$$360 \div 12 = 30（度）$$

とわかります。

　よって，角度あは，長いはりと短いはりが数字3個分はなれているので，

$$30 \times 3 = 90（度）$$

となります。

(2) 長いはりは60分で1周（＝360度）進むので，1分では，

$$360 \div 60 = 6（度）$$

進みます。

　短いはりは60分で数字1個分（＝30度）進むので，1分では，

$$30 \div 60 = 0.5（度）$$

進みます。

　長いはりと短いはりは同じ向きに進むので，9時ちょうどから1分たつと2本のはりは，角度あよりも，

$$6 - 0.5 = 5.5（度）$$

はなれます。

　　　　答え　（1）　式…360÷12＝30，30×3＝90
　　　　　　　　　　　90度
　　　　　　　（2）　5.5度

類題 p.68, p.85

18 点の道すじ　　　　　　　　　　p.24

　下の図のように，あの位置にくるまで，円の中心は直線アイに平行に動きます。そこからイを中心にして，円周の$\frac{1}{4}$をいまで動きます。うの位置にくるまで円の中心は直線イウに平行に動きます。カの位置にくるまで円の中心は直線ウエに平行に動きます。

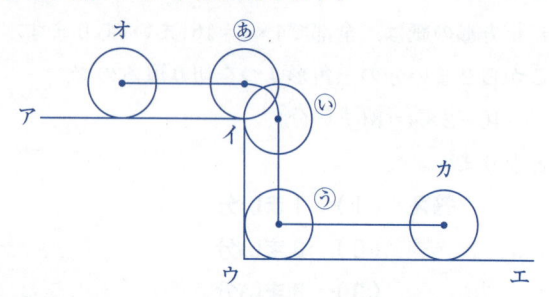

ですから，円の中心がえがく線は④のようになります。

　　　　答え　　④

類題 p.64, p.92

19 反対を向くはり　　　　　　　　p.25

(1) 右の図のように，午後2時には時計の長いはりと短いはりが60度になっています。

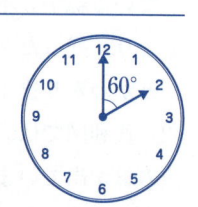

　時計の長いはりは1時間で360度，短いはりは1時間で30度回転します。

　長いはりのほうが同じ時間に進む角度が大きいので，午後2時から午後3時の間で，長いはりと短いはりがちょうど反対を向くときは，長いはりが短いはりを追いこしたあとです。

　右の図のように，2時40分すぎで，長いはりが8と9の間，短いはりが2と3の間にあってちょうど反対向きになります。

(2) 午後2時から午後3時の間，午後3時から午後4時の間，午後4時から午後5時の間に1回ずつあるので全部で3回あります。

　　　　答え　（1）

　　　　　　　（2）　3回

類題 p.65, p.100

20 重なる絵は？　p.26

(1) ウサギと重なるのは，下の図のかげをつけたところですから，トリです。

(2) ネズミと重なるのは，下の図のかげをつけたところですから，ウマとサルです。

答え　（1）　トリ
**　　　（2）　ウマ，サル**

類題　p.47，p.94

21 箱の形をつくろう　p.27

(1) 右の図のように，ねん土玉は全部で8個使います。

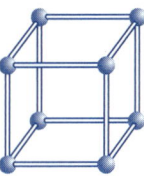

(2) 右の図のような形をつくってつなげると，さいころの形を1個増やすことができます。ですから，必要なひごは8本，ねん土玉は4個となります。

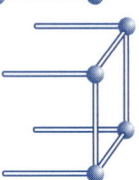

答え　（1）　8個
**　　　（2）　ひご…8本**
**　　　　　　ねん土玉…4個**

類題　p.59，p.97

22 さいころのてん開図　p.28

てん開図を組み立てたとき，向かい合う面は，下の図のように線でむすべます。向かい合う面の目の数の和が7になるように，目の数を考えます。

(1)

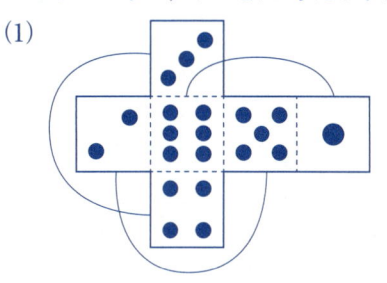

(2)

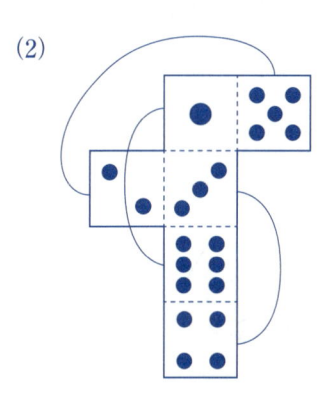

答え　（1）（2）　上の図のようになります。

類題　p.39，p.84

23 もようをかいた立方体　　　　p.29

右の図のように，立方体のちょう点にア～クの記号をつけて考えるとわかりやすくなります。

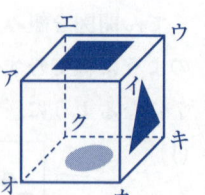

(1)

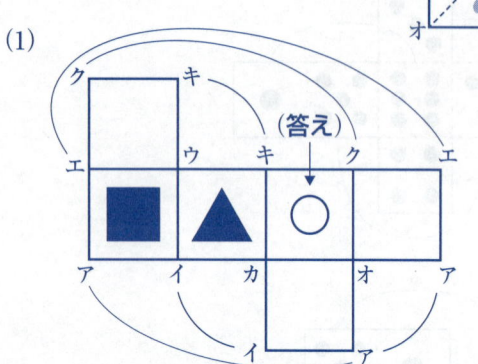

(2)

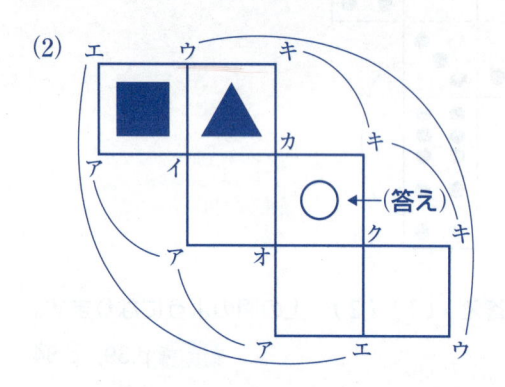

答え　（1）（2）　上の図のようになります。

類題 p.58，p.89

24 箱のてん開図　　　　p.30

さいころの形は面が6つあります。リボンがかからない面は正面とおくの面，残りの4つの面は，

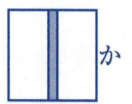

になります。面や辺のつながりに注意して考えます。

答え

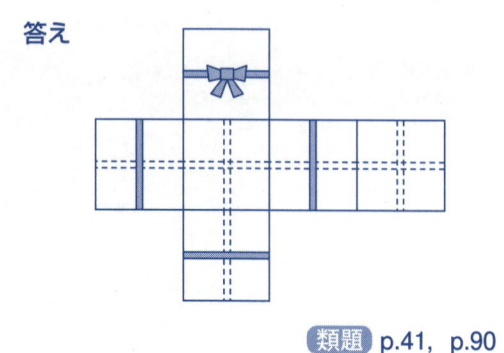

類題 p.41，p.90

25 さいころ　　　　p.31

(1) みかんの左どなりのくだものを見つけます。

下のてん開図でみかんの左どなり（組み立てたさいころのあの面）は，バナナになります。

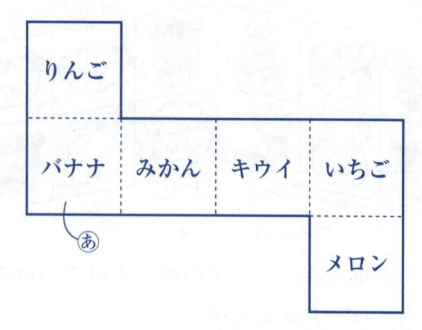

(2) 2個のさいころのうち，上にあるりんごと向かい合う面はメロンです。

下にあるさいころは，右の図のようになっていますから，重なっている部分の面はいちごです。

答え　（1）バナナ
**　　　（2）メロン，いちご**

類題 p.54，p.79

26 はり合わせたさいころ   p.32

1つのさいころの向かい合う面の目の数の和が7になることと，はり合わせた2つの面の目の数の和が10になることから，はり合わせてある面の目の数を考えていきます。

さいころを少しはなして面の目の数を表すと，下のようになります。

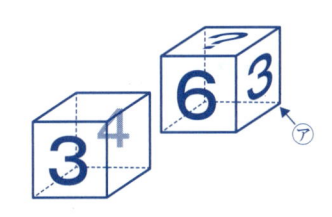

ここで，これらのさいころは右のさいころと同じものなので，㋐のさいころの下の面の目の数は5とわかります。

?の面は5の面と向かい合っているので，目の数は2になります。

答え　2

類題 p.60，p.98

27 積み重ねた積み木   p.33

上から何だん目に何個の積み木があるかについて，表にします。

だん目	1	2	3
個	1	2	3

1だん目は1個，2だん目は2個，3だん目は3個と，1個ずつ増えていることがわかります。

(1) 4だん目は4個，5だん目は5個ですから，

$$1+2+3+4+5=15(個)$$

(2) 4だんでは，

$$1+2+3+4=10(個)$$

の積み木を積んでいることになります。そのうち，横から見て見える積み木は4個ですから，見えない積み木は，

$$10-4=6(個)$$

答え　（1）　15個

**　　　（2）　6個**

類題 p.67，p.93

28 ⬡は何個？ p.34

(1) 1列ずつはなしてみると，下の図のようになっていますから，⬡は5個使っています。

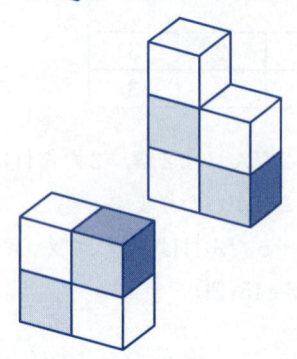

(2) 1列ずつはなしてみると，下の図のようになっていますから，⬡は3個使っています。

答え （1） 5個
　　　（2） 3個

類題 p.63，p.99

29 積み木の色ぬり p.35

(1) 大きい立方体の1つの面に小さい立方体の面は4面あります。

　ですから，青色がぬられた面は，

　　$4 \times 5 = 20$（面）

(2) 赤色と青色がぬられている立方体は上のだんにある4個です。

答え （1） 20面
　　　（2） 4個

類題 p.66，p.87

30 立方体に色をぬろう p.36

　大きい立方体を上から3だんに分けて考えます。次に，小さい立方体の色をぬられた面の数をその中に書きこんでいきます。

・上から1だん目にある，小さい立方体の色をぬられた面の数

3	2	3
2	1	2
3	2	3

・上から2だん目にある，小さい立方体の色をぬられた面の数

2	1	2
1	0	1
2	1	2

・上から3だん目にある，小さい立方体の色をぬられた面の数

3	2	3
2	1	2
3	2	3

　これらの表をもとに数えると，答えのようになります。

答え （1） 8個
　　　（2） 12個
　　　（3） 1個

類題 p.62，p.96

ステージ②

1　大きな正方形をつくろう　　p.38

すでに2つの図形が入っているので，右下に入るのは◯いしかありません。また，左下に入るのは◯え（うら返した形）しかありません。

残った部分に◯おが入ります。

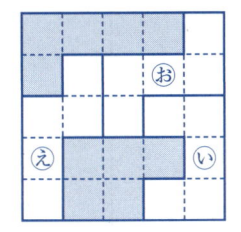

答え　◯い，◯え，◯お

正答率　96.1%

類題　p.7，p.78

2　さいころのてん開図　　p.39

てん開図を組み立てたとき，向かい合う面は，下の図のように線でむすべます。向かい合う面の目の数の和が7になるように，目の数を考えます。

(1)

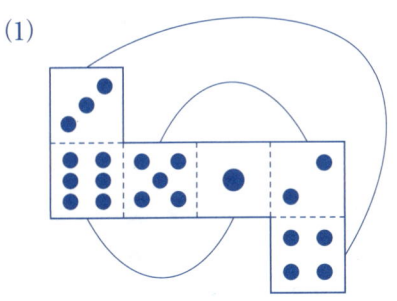

(2)

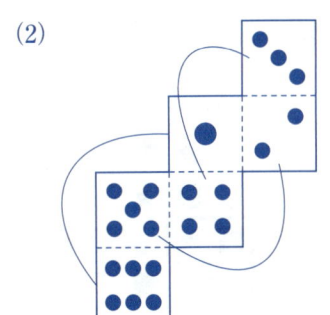

答え　(1)(2)　上の図のようになります。

正答率　(1)95.3%　(2)94.6%

類題　p.28，p.84

3　切ってくっつける　　p.40

下の図のように，太線のところで切りはなし，つなぎ合わせると正方形をつくることができます。

(1)

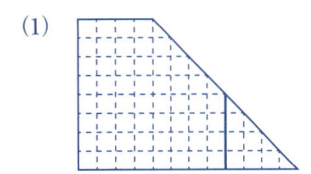 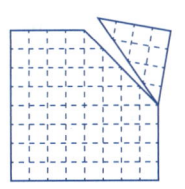

(2)

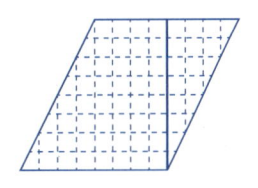 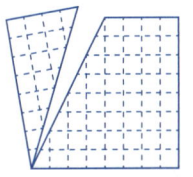

(3)

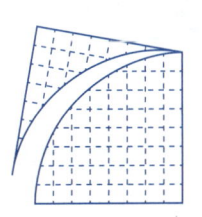

答え　上の図のようになります。

正答率　93.2%

類題　p.6，p.70

4　箱のてん開図　　p.41

さいころの形は面が6つあります。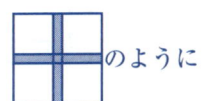のようになるのは底になる面，残りの4つの面は，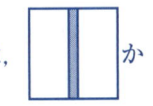か

になります。面や辺のつながりに注意して考えます。

答え

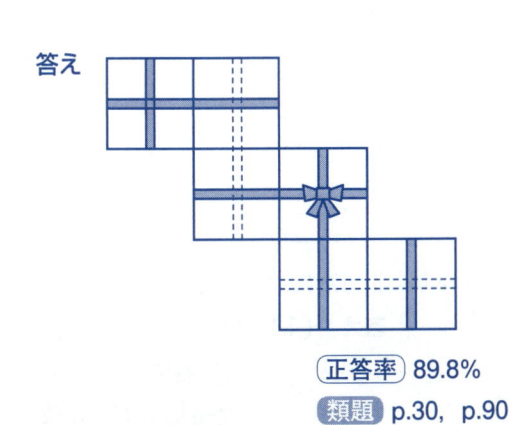

正答率　89.8%

類題　p.30，p.90

5 箱に入ったボール　　　　p.42

(1) 箱の中には，ボールが横に3個入っています。箱の横の長さは60cmですから，ボールの直径は，

$$60 \div 3 = 20(cm)$$

ボールの半径は，直径の半分ですから，このボールの半径は，

$$20 \div 2 = 10(cm)$$

(2) 箱の中には，ボールがたてに6個入っています。ボールの直径が20cmですから，箱のたての長さは，

$$20 \times 6 = 120(cm)$$

答え　(1)　10cm　　(2)　120cm

正答率 (1)88.2% (2)88.0%

類題 p.11, p.71

6 マッチぼうと正方形　　　　p.43

(1) 下の図のようになりますから，マッチぼうは全部で19本必要です。

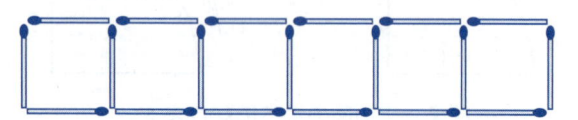

(2) 下のような図に表してみると，正方形の数が1個増えるごとに，マッチぼうの本数が3本必要になることがわかります。

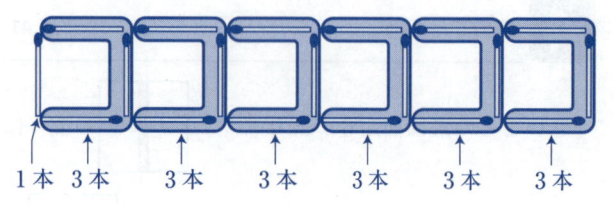

1本 3本　3本　3本　3本　3本　3本

いちばん左の1個目の正方形のマッチぼうの数は，

$$1 + (3 \times 1) = 4(本)$$

4個の正方形をつくるのに使うマッチぼうの数は，

$$1 + (3 \times 4) = 13(本)$$

ですから，□個の正方形をつくるのに使うマッチぼうの数が52本の場合は，

$$1 + (3 \times \square) = 52$$
$$3 \times \square = 52 - 1$$
$$3 \times \square = 51$$
$$\square = 51 \div 3$$
$$\square = 17$$

となり，正方形は17個つくれることがわかります。

答え　(1)　19本　　(2)　17個

正答率 (1)89.9% (2)81.3%

類題 p.16, p.82

7 重なっている部分の面積　　　　p.44

（求め方の例）

下の図のように，重なっている部分は長方形で，たてが12−8＝4(cm)，横が12−4＝8(cm)ですから，

$$4 \times 8 = 32(cm^2)$$

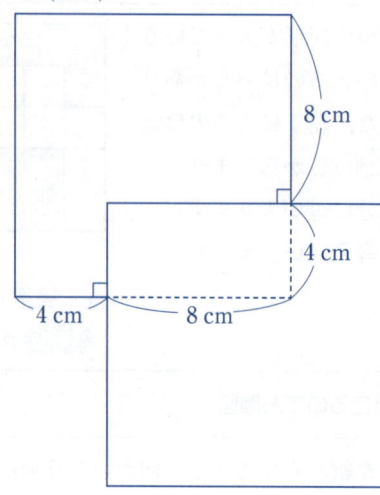

8 cm

4 cm

4 cm　　8 cm

答え　32cm²

求め方は上のようになります。

正答率 81.1%

類題 p.12, p.75

8 分けよう　　　　p.45

左下すみの○が入る区切りを考えます。

右の上の図のように区切ると，右下すみの△が入る区切りがうまくつくれません。

すると，右の下の図のように区切るしかありません。

あとは，○がうまく分けられるように，いろいろためしながら，区切りを見つけていきます。

答え

正答率 80.7%

類題 p.9, p.81

9 組み合わせると？　　　p.46

　⑤は，右のようにかげ
をつけたところから考え
ていくと，うまくいかな
いことがわかります。

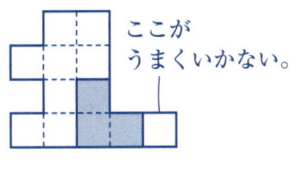

ここが
うまくいかない。

　⑧も，右のようにかげ
をつけたところから考え
ていくと，うまくいかな
いことがわかります。

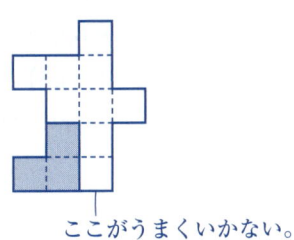

ここがうまくいかない。

　⑥，⑥，②，⑤は，たとえば下の図のようにすると，
4つの形を組み合わせてつくることができます。

⑥

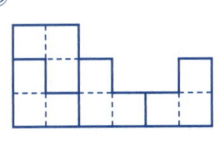

⑥

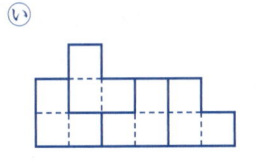

②

⑤

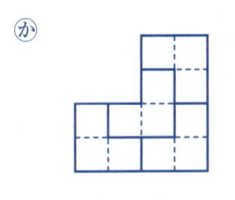

答え　⑤，⑧

正答率 80.4%

類題 p.8，p.83

10 重なる数字は　　　p.47

(1)　2と重なるのは，下の図のかげをつけたところです
から，23です。

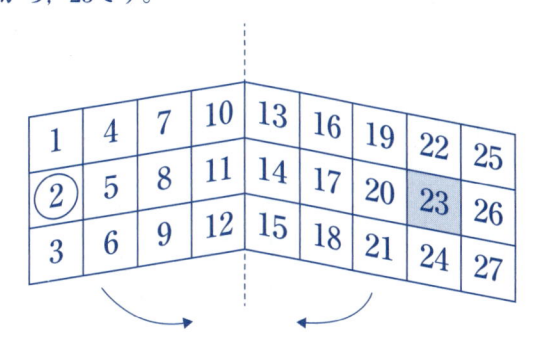

(2)　5と重なるのは，下の図のかげをつけたところです
から，

$14 + 23 = 37$

となります。

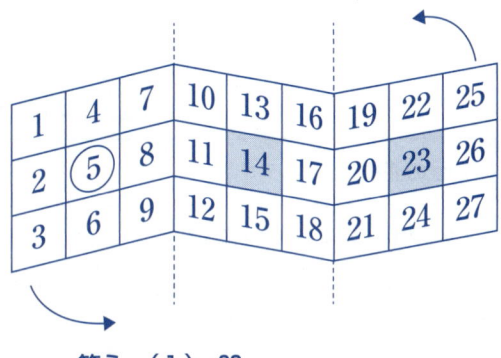

答え　(1)　23

　　　(2)　37

正答率 (1)84.6% (2)78.3%

類題 p.26，p.94

11 カレンダーと正方形　　　p.48

　最後の週が2日間なので，ここに2マス×2マスの正
方形が入ります。

　すると，4マス×4マスの正方形と3マス×3マスの
正方形の位置が決まります。

答え

日	月	火	水	木	金	土
1	2	3	4	5	6	7
8	9	10	11	12	13	14
15	16	17	18	19	20	21
22	23	24	25	26	27	28
29	30					

正答率 75.7%

類題 p.10，p.76

12 三角形の組み合わせ　　　　p.49

(1) 2つ組み合わせてひし形になるのは，二等辺三角形です。したがって，**ウ**，**オ**の三角形となります。

(2) 4つ組み合わせてひし形になるのは，直角三角形です。したがって，**イ**の三角形となり，組み合わせ方は下の図のようになります。

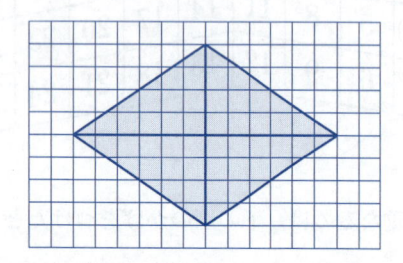

　　　答え（1）　ウ，オ
　　　　　（2）　イ

　　　組み合わせは上の図のようになります。

　　　　　　　　　　　正答率 75.7%
　　　　　　　　　　　類題 p.15, p.86

13 かげの面積　　　　p.50

(1) 6まいの半分になっていますから，3まい分です。

(2) 正方形の紙は，全部で3×4＝12（まい）あります。

白い部分について考えると，右の図で，㋐は$\frac{3}{2}$まい分，㋑は4まい分，㋒は$\frac{3}{2}$まい分ですから，

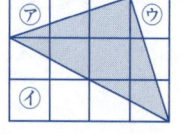

$$12-\left(\frac{3}{2}+4+\frac{3}{2}\right)=12-7=5（まい分）$$

となります。

(3) 正方形の紙は，全部で4×4＝16（まい）あります。

(2)と同じように，白い部分について考えると，右の図で，㋐は1まい分，㋑は$\frac{3}{2}$まい分，㋒は$\frac{3}{2}$まい分，㋓は3まい分ですから，

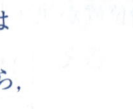

$$16-\left(1+\frac{3}{2}+\frac{3}{2}+3\right)=16-7=9（まい分）$$

となります。

　　　答え（1）　3まい分
　　　　　（2）　5まい分
　　　　　（3）　9まい分

　　　正答率（1）85.9%（2）75.8%（3）72.7%
　　　類題 p.17, p.74

14 かげをつけた部分の面積　　　　p.51

㋐，㋑，㋒，㋓の面積を求めると，次のようになります。

　　㋐…7×7＝49（cm²）
　　㋑…5×5＝25（cm²）
　　㋒…3×3＝9（cm²）
　　㋓…1×1＝1（cm²）

(1) かげをつけた部分の面積は，㋐－㋒＋㋓で求められますから，

　　49－9＋1＝41（cm²）

(2) かげをつけた部分の面積は，㋐－㋑＋㋒－㋓で求められますから，

　　49－25＋9－1＝32（cm²）

　　　答え　（1）　41cm²
　　　　　　（2）　32cm²

　　　正答率（1）71.6%（2）72.6%
　　　類題 p.13, p.80

15 4まいの紙　　　　p.52

下の図のように，1辺が8cmの正方形の面積を求めればよいのですから，

　　8×8＝64（cm²）

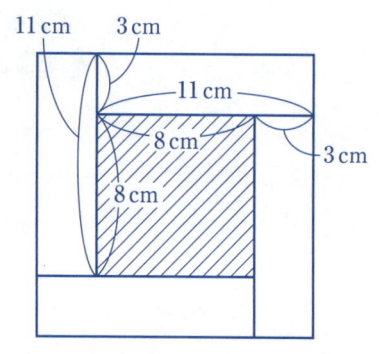

　　答え　64cm²

　　　正答率 68.8%
　　　類題 p.14, p.73

16 マッチぼう① p.53

　正三角形で使うマッチぼうは3本，正方形で使うマッチぼうは4本，…，正十一角形で使うマッチぼうは11本，正十二角形で使うマッチぼうは12本となり，下の図のようにならびます。両はしから数えて同じ位置にある2つの図形で使ったマッチぼうを合計すると，どこも15本になります。

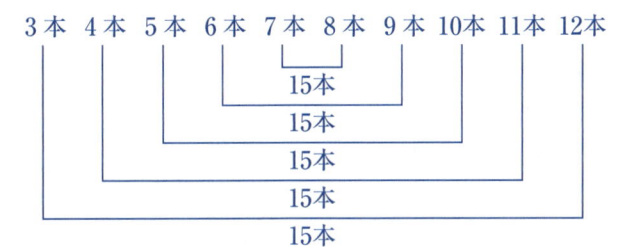

　上の図で，マッチぼうの合計が15本になる図形の組み合わせは5組あるので，使ったマッチぼうの数の合計を求める式は15×5(5×15)で，答えは75本になります。

答え　⑦…5，⑦…15×5(5×15)，⑦…75

正答率 65.8%

類題 p.20，p.88

17 さいころ p.54

(1)　②の左どなりの数字を見つけます。

　右のてん開図を組み立てたとき，矢印の部分がつながりますから，②の左どなり（組み立てたさいころの⑥の面）は，④になります。

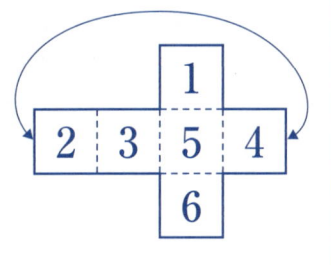

(2)　2個のさいころのうち，上にあるさいころの①と向かい合う面は⑥です。

　下にあるさいころは，右の図のようになっていますから，重なっている部分の面は⑤です。

　ですから，重なっている部分の2つの面に書かれた数の和は，

　　6＋5＝11

答え　（1）　4
**　　　（2）　11**

正答率 (1)65.6% (2)63.0%

類題 p.31，p.79

18 正方形の面積 p.55

(1)　右の図のように，⑥の部分が4つと⑥が1つになります。⑥の部分は方眼4つ分ですので，4cm²です。

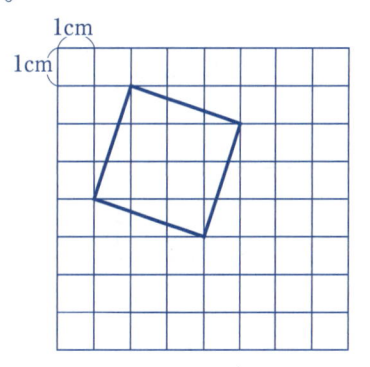

　⑥の部分は，方眼8つ分の半分ですので，4cm²です。

　ですから，求める面積は，

　　4×4＋4＝20(cm²)

となります。

(2)　⑥の部分は4cm²ですので，10cm²の正方形にするには，⑥の部分4つ分が，

　　10−4＝6(cm²)

となればよいことがわかります。ですから，⑥の1つ分は，

　　6÷4＝1.5(cm²)

となります。

　1.5cm²の倍は，3cm²となるので，下の図のようになります。

答え　（1）　20cm²
**　　　（2）　上の図のようになります。**

正答率 58.3%

類題 p.21，p.77

19 路線図　　　　　　　　　　p.56

(1) ○の数が4つでＡから出ている線が3本，Ｂから出ている線が2本であるものをさがします。あがあてはまり，その他の○から出ている線の数も正しいことがわかります。

(2) 便利図では○の数は4つ，Ａから3本，Ｂから2本の線が出ています。それにあてはまる路線の図はいで，他の駅と路線の関係も正しいことがわかります。

答え（1）あ　（2）い

正答率 (1)92.7% (2)60.8%

類題 p.18, p.91

20 色をぬった立方体　　　　　　p.58

右の図のように，立方体のちょう点にア～クの記号をつけて考えるとわかりやすくなります。

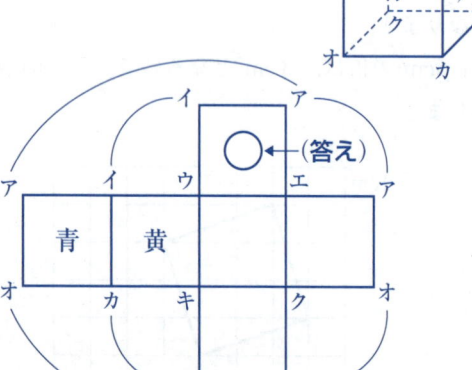

(1)

(2)

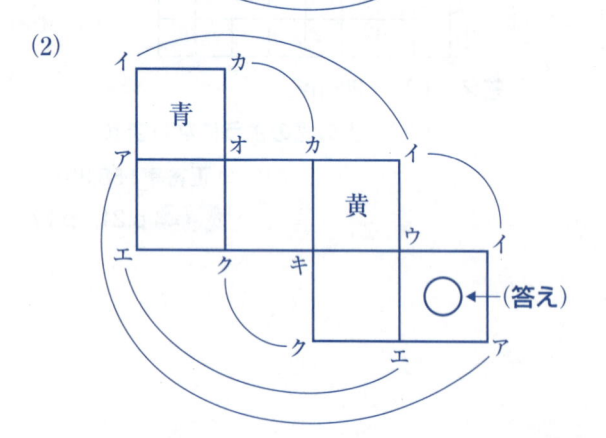

答え （1）（2）上の図のようになります。

正答率 (1)83.4% (2)52.6%

類題 p.29, p.89

21 箱の形をつくろう　　　　　　p.59

(1) さいころの形の数とねん土玉の個数との関係を表にすると，下のようになります。

さいころの形の数(個)	1	2	3	4	…
ねん土玉の数(個)	8	12	16		…

さいころの形が1個増えると，ねん土玉は4個増えますから，さいころの形が3個のとき，ねん土玉は16個になります。

ですから，さいころの形が4個のとき，ねん土玉は，

$$16 + 4 = 20（個）$$

となります。

(2) ねん土玉が60個のとき，さいころの形が1個のときにくらべて，ねん土玉は，

$$60 - 8 = 52（個）$$

増えているので，さいころの形は，

$$52 ÷ 4 = 13（個）$$

増えていることがわかります。

ですから，さいころの形は全部で，

$$1 + 13 = 14（個）$$

となります。

答え （1）　20個

**　　　 （2）　14個**

正答率 (1)80.2% (2)42.3%

類題 p.27, p.97

22 はり合わせたさいころ p.60

1つのさいころの向かい合う面の目の数の和が7になることと，はり合わせた2つの面の目の数の和が8になることから，はり合わせてある面の目の数を考えていきます。

さいころを少しはなして面の目の数を表すと，下のようになります。

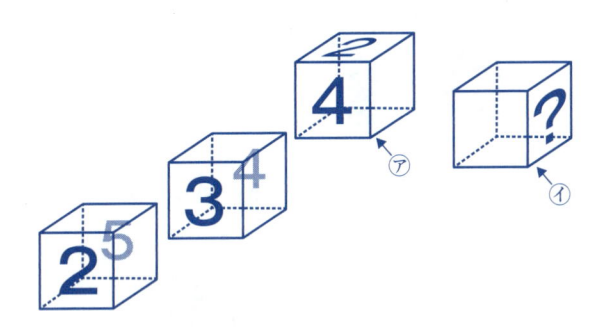

ここで，これらのさいころは右のさいころと同じものなので，㋐のさいころの向かって左の面の目の数は1とわかります。すると，㋐，㋑のさいころの面の目の数は下のようになります。

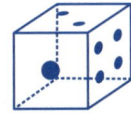

答え　5

正答率 35.3%

類題 p.32，p.98

23 マッチぼう② p.61

(1) 正三角形を1個つくるのに3本，正方形を1個つくるのに4本のマッチぼうを使いますから，

$$45 \div (3+4) = 6 \ あまり3$$

正三角形と正方形はそれぞれ順に6個ずつつくることができ，マッチぼうは3本あまることになりますが，このあまった3本で次の正三角形を1個つくることができます。

(2) 下の図のように同じ向きのひし形が6個ずつあるので，

$$6 \times 3 = 18(個)$$

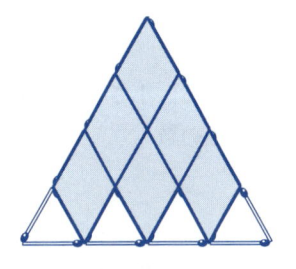

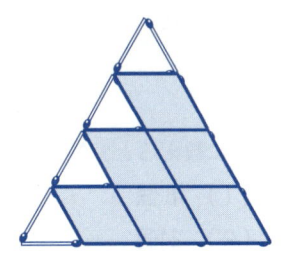

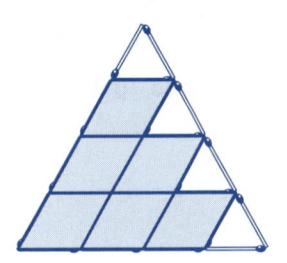

答え　（1）　正三角形…7個，正方形…6個
**　　　（2）　18個**

正答率 (1)71.4% (2)33.9%

類題 p.22，p.72

24 立方体に色をぬろう　　　p.62

大きい立方体を上から4だんに分けて考えます。次に，小さい立方体の色をぬられた面の数をその中に書きこんでいきます。

・上から1だん目にある，小さい立方体の色をぬられた面の数

3	2	2	3
2	1	1	2
2	1	1	2
3	2	2	3

・上から2だん目にある，小さい立方体の色をぬられた面の数

2	1	1	2
1	0	0	1
1	0	0	1
2	1	1	2

・上から3だん目にある，小さい立方体の色をぬられた面の数

2	1	1	2
1	0	0	1
1	0	0	1
2	1	1	2

・上から4だん目にある，小さい立方体の色をぬられた面の数

3	2	2	3
2	1	1	2
2	1	1	2
3	2	2	3

これらの表をもとに数えると，答えのようになります。

　　答え　（1）　8個
　　　　　（2）　24個
　　　　　（3）　8個

　　　正答率　(1)63.4%　(2)31.3%　(3)43.3%
　　　類題　p.36，p.96

25 ⬜は何個？　　　p.63

（1）　1列ずつはなしてみると，下の図のようになっていますから，⬜は9個使っています。

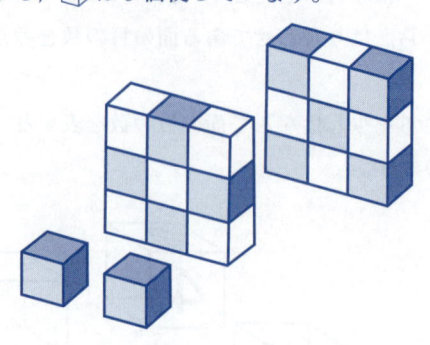

（2）　1列ずつはなしてみると，下の図のようになっていますから，⬜は8個使っています。

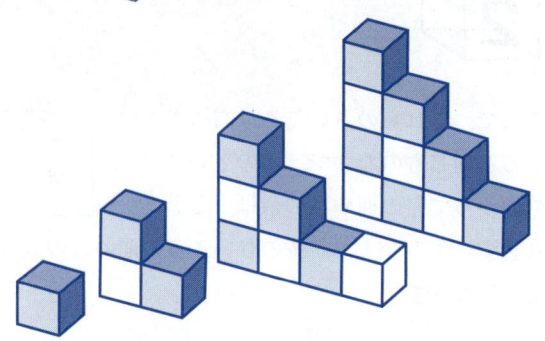

　　答え　（1）　9個
　　　　　（2）　8個

　　　正答率　(1)73.1%　(2)29.9%
　　　類題　p.34，p.99

26 点の道すじ　　　p.64

下の図のように，ウを中心に動かすと，正三角形アイウは⃝あから⃝いの位置にきます。

次にアを中心に転がすと，⃝いから⃝うの位置にきます。

ですから，点イがえがく線は④のようになります。

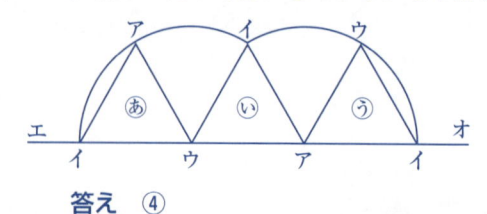

　　答え　④

　　　正答率　28.7%
　　　類題　p.24，p.92

27 直角になるはり　　　　p.65

(1) 右の図のように，午後4時には時計の長いはりと短いはりが120度になっています。

時計の長いはりは1時間で360度，短いはりは1時間で30度回転します。

長いはりのほうが同じ時間に進む角度が大きいので，午後4時から午後5時の間で，長いはりと短いはりが直角になるときは，次の⑦，⑦の場合があります。

　　⑦　長いはりが短いはりに近づいて直角になる場合

　　⑦　長いはりが短いはりを追いこして直角になる場合

⑦の場合は，右の図のように，4時5分すぎで，長いはりが1と2の間，短いはりが4と5の間にあって直角になります。

⑦の場合は，右の図のように，4時35分すぎで，長いはりが7と8の間，短いはりが4と5の間にあって直角になります。

(2) 午後1時から午後2時の間に2回あります。

午後2時から午後3時の間は，3時ちょうどをふくまないと1回です。

午後3時から午後4時の間は，3時ちょうどをふくむと2回あります。

午後4時から午後5時の間，午後5時から午後6時の間，午後6時から午後7時の間，午後7時から午後8時の間に，それぞれ2回ずつあります。

午後8時から午後9時の間は，9時ちょうどをふくまないと1回です。

午後9時から午後10時の間は，9時ちょうどをふくむと2回あります。

午後10時から午後11時の間に2回あります。

ですから，午後1時から午後11時までの10時間に，時計の長いはりと短いはりが直角になるときは，

$2 \times 8 + 1 \times 2 = 18$（回）

あります。

答え　（1）

　　　　（2）　18回

[正答率]（1）28.7%　（2）30.0%

[類題] p.25，p.100

28 積み木の色ぬり　　　　p.66

(1) 大きい立方体の1面に小さい立方体の面は9面あります。

ですから，黄色がぬられた面は，

$9 \times 4 = 36$（面）

(2) 赤色と黄色がぬられている立方体はいちばん下のだんにある8個です。いちばん下のだんの立方体のうち，真ん中は赤色しかぬられていません。

答え　（1）　36面

　　　　（2）　8個

[正答率]（1）69.8%　（2）28.0%

[類題] p.35，p.87

29 積み重ねた積み木　　　　p.67

上から何だん目に何個の積み木があるかについて，表にします。

だん目	1	2	3
個	1	4	9

1だん目は1個，2だん目は2×2（個），3だん目は3×3（個）という関係になっていることがわかります。

(1) 4だん目は$4 \times 4 = 16$（個），5だん目は$5 \times 5 = 25$（個）ですから，

$1 + 4 + 9 + 16 + 25 = 55$（個）

(2) 4だんでは，

$1 + 4 + 9 + 16 = 30$（個）

の積み木を積んでいることになります。そのうち，正面から見て見える積み木は，

$1 + 2 + 3 + 4 = 10$（個）

ですから，見えない積み木は，

$30 - 10 = 20$（個）

答え　（1）　55個

　　　　（2）　20個

[正答率]（1）34.6%　（2）27.7%

[類題] p.33，p.93

30 時計のはりと角度　　　　　p.68

(1) 時計の1周は360度です。時計には12個の数字が書かれているので，となり合った数字の間の角度は，

$$360 \div 12 = 30（度）$$

とわかります。

　よって，角度あは，長いはりと短いはりが数字2個分はなれているので，

$$30 \times 2 = 60（度）$$

となります。

(2) 右の図は，8時ちょうどを表しています。このとき，長いはりと短いはりは数字8個分はなれているので，間の角度⑤は，

$$30 \times 8 = 240（度）$$

となります。

　長いはりは60分で1周（＝360度）進むので，1分では，

$$360 \div 60 = 6（度）$$

進みます。

　短いはりは60分で数字1個分（＝30度）進むので，1分では，

$$30 \div 60 = 0.5（度）$$

進みます。

　長いはりと短いはりは同じ向きに進むので，1分たつと2本のはりは，

$$6 - 0.5 = 5.5（度）$$

近づきます。

　20分で近づく角度は，

$$5.5 \times 20 = 110（度）$$

です。

　したがって，8時20分のときの長いはりと短いはりの間の角度⑥は，

$$240 - 110 = 130（度）$$

となります。

答え　（1）　式…360÷12＝30，30×2＝60
　　　　　　　60度
　　　（2）　130度

正答率 (1)76.6% (2)7.8%

類題 p.23，p.85

ステージ③

1 切ってくっつける　　p.70

下の図のように，太線のところで切りはなし，つなぎ合わせると正三角形をつくることができます。

(1)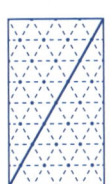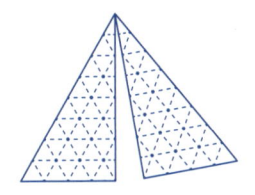

(2)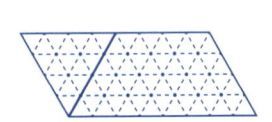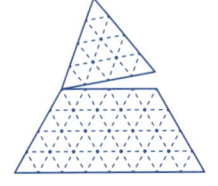

(3)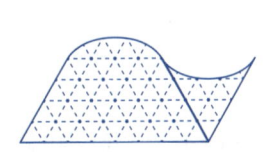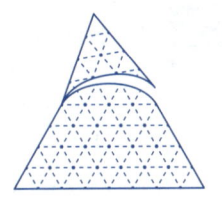

答え　上の図のようになります。

類題 p.6, p.40

2 正三角形のわくに入ったボール　　p.71

右の図のように，わくのすみにある3つのボールの中心を結ぶと正三角形ができます。この正三角形の1辺の長さが，わくのまっすぐな部分の長さになります。

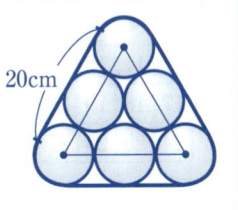

わく㋐の1辺には，ボールが3個入っていますから，まっすぐな部分の長さはボールの直径2個分とわかります。ですから，ボールの直径は，

$20 \div 2 = 10$（cm）

わく㋑の1辺には，ボールが6個入っていますから，まっすぐな部分の長さはボールの直径5個分です。ですから，長さは，

$10 \times 5 = 50$（cm）

答え　50cm

類題 p.11, p.42

3 マッチぼう　　p.72

(1) 正三角形を1個つくるのに3本，正方形を1個つくるのに4本，星形を1個つくるのに5本のマッチぼうを使いますから，

$151 \div (3+4+5) = 12$ あまり 7

正三角形と正方形と星形はそれぞれ順に12個ずつつくることができ，マッチぼうは7本あまることになりますが，このあまった7本で次の正三角形と正方形を1個ずつつくることができます。

(2) マッチぼう1本を1辺とするひし形の数は下の図のように，

$9+6+6 = 21$（個）

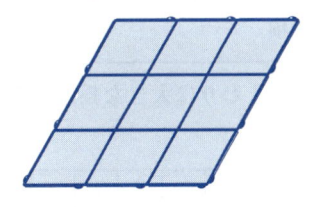

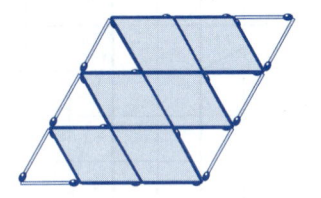

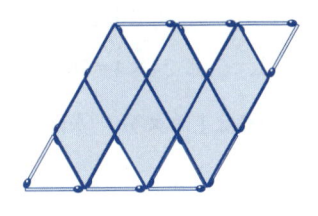

マッチぼう2本を1辺とするひし形の数は，大きいひし形のちょう点ごとに1個ずつあるので4個，マッチぼう3本を1辺とするひし形は大きいひし形1個です。

よって，ひし形は全部で，

$21+4+1 = 26$（個）

答え （1）　正三角形…13個，正方形…13個，星形…12個

**　　　（2）　26個**

類題 p.22, p.61

ステージ③

4 4まいの紙　　　　　　　　　　p.73

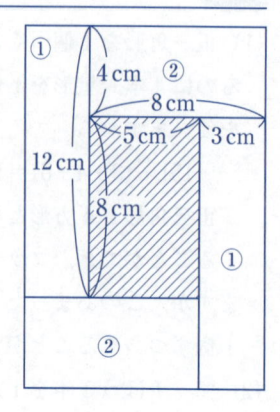

　右の図のように，たてが8cm，横が5cmの長方形の面積を求めればよいのですから，

　　8×5＝40（cm²）

答え　40cm²

類題 p.14，p.52

5 かげの面積　　　　　　　　　　p.74

　下の図のようにまわりに大きな長方形をつくって考えます。

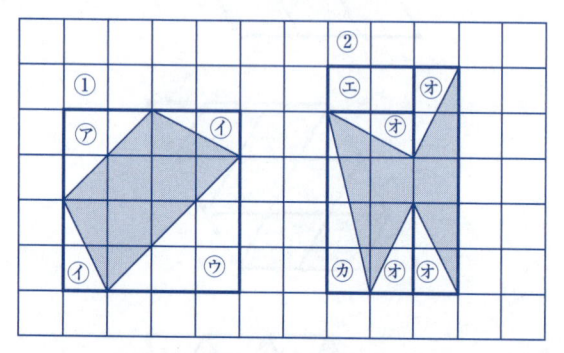

① 大きな正方形は，全部で4×4＝16（マス）あります。

　㋐は2マス分，㋑は1マス分，㋒は$\frac{9}{2}=4\frac{1}{2}$マス分ですから，

　　$16-\left(2+1\times2+4\frac{1}{2}\right)=16-8\frac{1}{2}=7\frac{1}{2}$（マス）

となります。

② 大きな長方形は，全部で5×3＝15（マス）あります。

　㋓は2マス分，㋔は1マス分，㋕は2マス分ですから，

　　15－（2＋1×4＋2）＝7（マス）

となります。

　ですから，①のほうが②よりも大きいとわかり，その差は，

　　$7\frac{1}{2}-7=\frac{1}{2}$（マス）

となります。

答え　①のほうが$\frac{1}{2}$マス分大きい。

類題 p.17，p.50

6 重なっている部分の面積　　　　　p.75

（求め方の例）

　下の図のように，3まいの折り紙が重なっている部分は長方形で，たてが12－10＝2（cm），横が4cmですから，

　　2×4＝8（cm²）

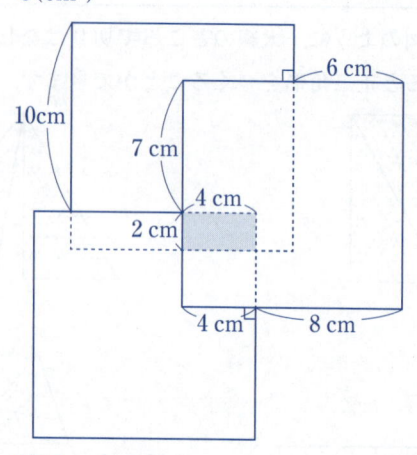

答え　8cm²

求め方は上のようになります。

類題 p.12，p.44

7 カレンダーと正方形　　　　　　　p.76

　カレンダーで大きさのちがう4つの正方形をつくるのに必要な数は，

　　1×1＋2×2＋3×3＋4×4＝1＋4＋9＋16＝30（個）

ですから，30日まであるカレンダーをかき入れます。

答え(例)

日	月	火	水	木	金	土
					1	2
3	4	5	6	7	8	9
10	11	12	13	14	15	16
17	18	19	20	21	22	23
24	25	26	27	28	29	30

日	月	火	水	木	金	土
	1	2	3	4	5	6
7	8	9	10	11	12	13
14	15	16	17	18	19	20
21	22	23	24	25	26	27
28	29	30				

など

類題 p.10，p.48

8 四角形の面積　　　　　　p.77

①は，右の図のように，あ，い，う，え，おの5つの部分になります。あ，い，う，えは長方形の半分，おは長方形ですので，それぞれの面積は，

あ…8÷2＝4（cm²）

い…12÷2＝6（cm²）

う…20÷2＝10（cm²）

え…45÷2＝22.5（cm²）

お…5×3＝15（cm²）

ですから，①の面積は，

4＋6＋10＋22.5＋15＝57.5（cm²）

②は，右の図のように，か，き，く，け，この5つの部分になります。それぞれ長方形や正方形の半分ですので，面積は，

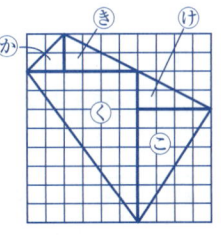

か…4÷2＝2（cm²）

き…8÷2＝4（cm²）

く…48÷2＝24（cm²）

け…8÷2＝4（cm²）

こ…24÷2＝12（cm²）

ですから，②の面積は，

2＋4＋24＋4＋12＝46（cm²）

③は，右の図のように，さが2つと，し，す，せの5つの部分になります。さ，し，すは，それぞれ長方形の半分ですので，面積は，

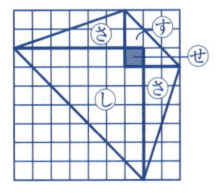

さ…12÷2＝6（cm²）

し…49÷2＝24.5（cm²）

す…9÷2＝4.5（cm²）

さは2つですから，全部たすと，

6×2＋24.5＋4.5＝41（cm²）

ここで，しとすを見ると，せの部分が重なっています。せは1cm²ですから，③の面積は，

41－1＝40（cm²）

面積の小さい順にならべると，③，②，①となります。

答え　（小さい順に）

③➡②➡①

類題 p.21，p.55

9 折り紙を切り取った図形　　　　p.78

右の図の①の部分を入れることができる図形は，い，お，かですが，いの形に切ると③と④を合わせた長方形ができ，かの形に切ると③の正方形ができてしまうので，おに決まります。

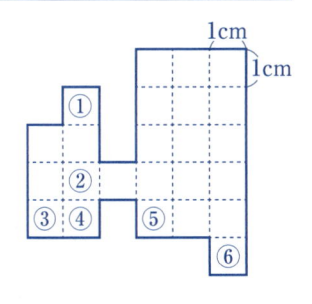

②の部分に入れることができる図形は，え，く（うら返した形）ですが，えの形に切ると⑤の正方形ができてしまうので，くに決まります。

⑥の部分に入れることができる図形は，か，きですが，きの形に切ると，残りの部分があ，い，う，え，かの図形にはならないのでかに決まり，残った部分がいになります。

答え　い，お，か，く

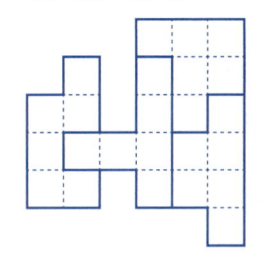

類題 p.7，p.38

10 さいころ　　　　　　p.79

さいころの向かい合う面の数の和は7ですから，さいころを3個重ねたものは，さいころの向きも考えると，右の図のようになります。

アは4＋4＝8，イは3＋1＝4とわかり，アのほうが8－4＝4だけ大きいことがわかります。

答え　アのほうが4だけ大きい。

類題 p.31，p.54

11 かげをつけた部分の面積　　　　p.80

　下の図のように，正方形の4つの辺の真ん中の点を結んでできる正方形は，もとの正方形の面積の半分になります。

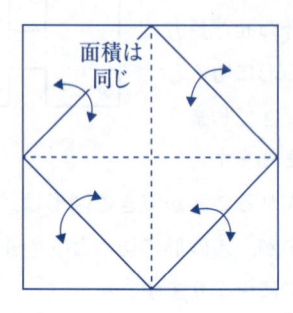

面積は同じ

　あの面積は，

　　$16 \times 16 = 256 (\text{cm}^2)$

ですから，いの面積は，

　　$256 \div 2 = 128 (\text{cm}^2)$

うの面積は，

　　$8 \times 8 = 64 (\text{cm}^2)$

ですから，えの面積は，

　　$64 \div 2 = 32 (\text{cm}^2)$

おの面積は，

　　$4 \times 4 = 16 (\text{cm}^2)$

となります。

　かげをつけた部分の面積は，あ－い＋う－え＋おですから，

　　$256 - 128 + 64 - 32 + 16 = 176 (\text{cm}^2)$

　　　　　　答え　176cm²

類題 p.13, p.51

12 分けよう　　　　p.81

　えをどのように回しても1辺が2の正方形が中にあります。下の図のように1辺が2の正方形の中には同じ図形が必ずあるのでえが出てこない形とわかります。

同じ図形

　あ，い，う，お，かについては次のように分けると使うことができます。

あ　　　　　　　　　　　い

い，お，か　　　　　　あ，い，う，お

　　　　答え　え

類題 p.9, p.45

13 マッチぼうと六角形　　　　p.82

(1) 下のような図に表してみると，六角形の数が1個増えるごとに，マッチぼうの本数が5本必要になることがわかります。

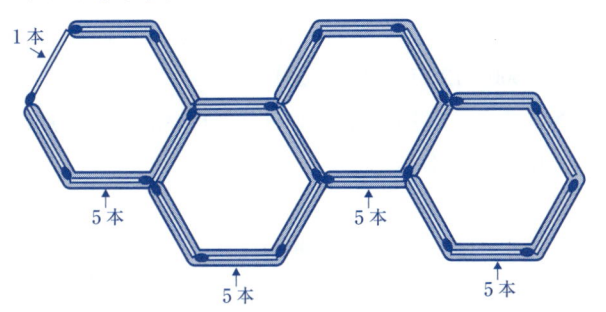

1本

5本　5本　5本　5本　5本

ですから，六角形を10個つくるのに必要なマッチぼうの数は，

$$1 + (5 \times 10) = 51(本)$$

となります。

(2) $(108 - 1) \div 5 = 21 あまり 2$

となり，六角形は21個つくれることがわかります。

答え　（1）　51本　（2）　21個

類題 p.16, p.43

14 組み合わせると?　　　　p.83

組み合わせた形は方がん20マス分です。これを同じ図形を4つ組み合わせてつくるので，図形1つ分は，

$$20 \div 4 = 5(マス)$$

となります。

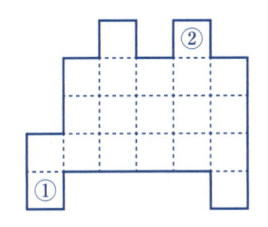

②

①

上の図の①の部分に入る形を考えると，5マスでできる形は次のア～オしかありません。

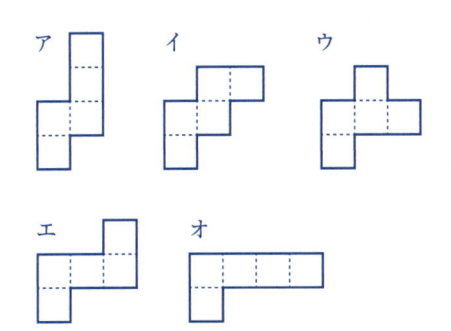

ア　イ　ウ

エ　オ

ア，エ，オを②の部分に入れると，右上の図のかげをつけた部分のようになりますが，▨の部分にそれぞれの図形を入れることができません。

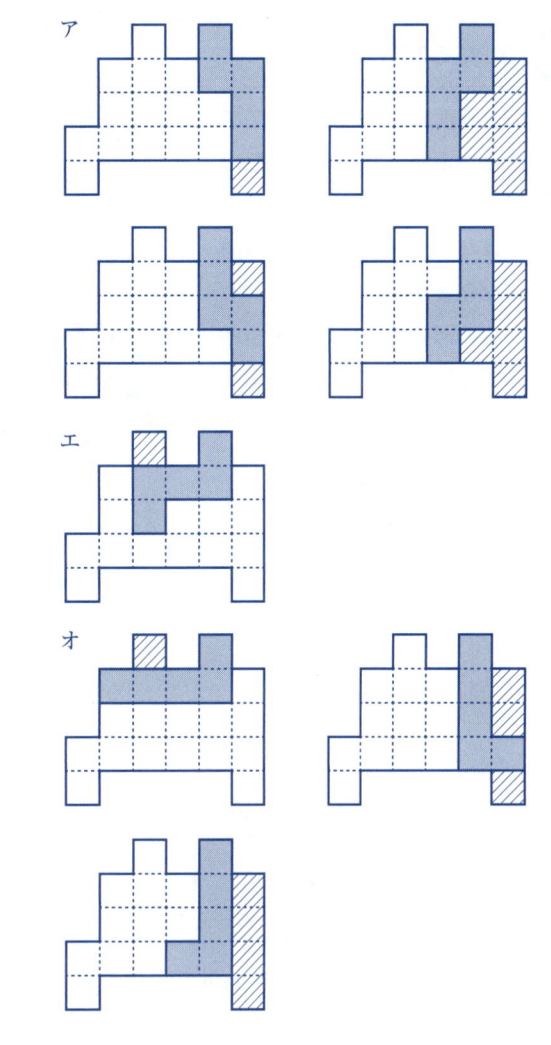

ア

エ

オ

イを②の部分に入れると，右の図のかげをつけた部分のようになりますが，▨の部分にイの図形を入れることができません。

ウを使うと右の図のように組み合わせることができます。ですから，組み合わせた図形1つ分の形は，下のようになります。

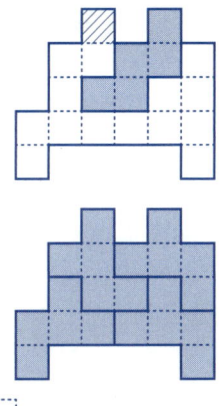

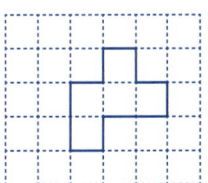

答え　上の図のようになります。

類題 p.8, p.46

15 さいころのてん開図　　　　p.84

　向かい合う面の目の数の和は7であることと，重なった面の目の数の和は10であることから，さいころ2つを少しはなして目をかくと右の図のようになります。

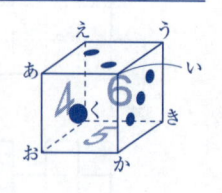

　また，右の図のように点あ～しとすると，てん開図上の点は下のようになります。

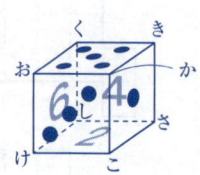

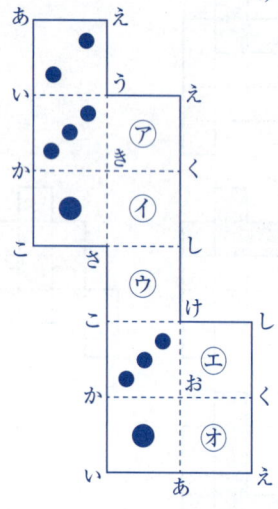

　ですから，㋐は6，㋑は4，㋒は2，㋓は6，㋔は4が入ります。

答え　㋐…6，㋑…4，㋒…2，㋓…6，㋔…4

類題 p.28，p.39

16 時計のはりと角度　　　　p.85

(1) 時計の1周は360度ですから，2分で時計の長いはりは，

　　$360 \div 60 \times 2 = 12$（度）

進み，短いはりは，

　　$360 \div 12 \div 60 \times 2 = 1$（度）

進みます。ですから，長いはりと短いはりは2分で，

　　$12 - 1 = 11$（度）

近づきます。

　10分では，長いはりと短いはりは，

　　$11 \times 5 = 55$（度）

近づきます。

　6時のとき，長いはりと短いはりの間の角度は180度ですから，6時10分のときの2本のはりの間の角度は，

　　$180 - 55 = 125$（度）

となります。

(2) 2時のとき，長いはりと短いはりの間の角度は60度ですから，2時10分のときの2本のはりの間の角度は，

　　$60 - 55 = 5$（度）

　また，2本のはりは1分で，

　　$11 \div 2 = 5.5$（度）

近づくので，2時11分には長いはりが短いはりを追いこしています。

　ですから，長いはりと短いはりが重なるのは，2時10分と2時11分の間とわかります。

答え　（1）　125度
**　　　（2）**

類題 p.23，p.68

17 三角形の組み合わせ　　　　p.86

下の図のように，直角三角形を2つ組み合わせると長方形ができます。ですから，長方形をつくるにはアを2つ，または，エを2つ組み合わせます。

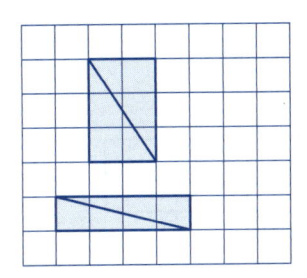

下の図のように，二等辺三角形を2つ組み合わせるとひし形ができます。ですから，ひし形をつくるにはイを2つ，または，オを2つ組み合わせます。

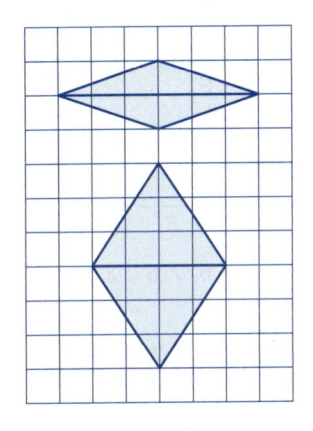

下の図のように，アとオを組み合わせると台形ができます。

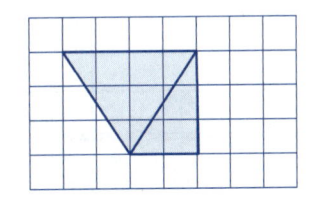

答え　長方形…アとア，エとエ
**　　　ひし形…イとイ，オとオ**
**　　　台形…アとオ**

類題　p.15，p.49

18 積み木の色ぬり　　　　p.87

(1) 大きい立方体の上のだんから順に，白い面がいくつあるかを書いてみます。
・上のだんにある小さい立方体の白い面の数

3	4	3
4	5	4
3	4	3

3面が4個，4面が4個，5面が1個
・真ん中のだんにある小さい立方体の白い面の数

4	5	4
5	6	5
4	5	4

4面が4個，5面が4個，6面が1個
・下のだんにある小さい立方体の白い面の数

3	4	3
4	5	4
3	4	3

3面が4個，4面が4個，5面が1個
合計すると，
3面が8個，4面が12個，5面が6個，
6面が1個
(2) (1)より，色をぬられていない面の数の合計は，
$3×8+4×12+5×6+6×1=108$
大きい立方体の1面に小さい立方体の面は9面あるので，全体では$9×6=54$（面）が見えています。それを緑色にぬったので，まだ色をぬられていない白い面は，
$108-54=54$（面）
答え　（1）　3面…8個，4面…12個，
**　　　　　　5面…6個，6面…1個**
**　　　（2）　54面**

類題　p.35，p.66

19 おはじき　　　　　　　　　　p.88

（求め方の例）

1番目は4個，2番目は8個，3番目は12個のおはじきでできているので，おはじきは4個ずつ増えていることがわかります。

20番目のおはじきの数は，

$$4 \times 20 = 80（個）$$

です。

1番目と20番目で使ったおはじきの数は，合わせて，

$$4 + 80 = 84（個）$$

です。

同じように，2番目と19番目，3番目と18番目で使ったおはじきを合わせると，下の図のようになります。

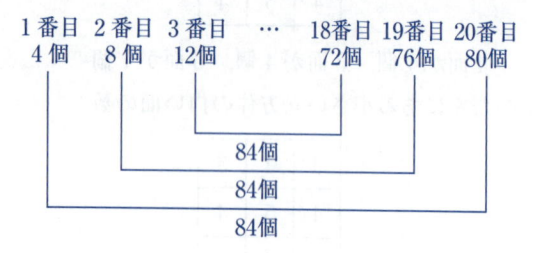

両はしから数えて同じ位置にある2つの正方形で使ったおはじきを合計すると，どれも84個になります。上の図で，おはじきの合計が84個になる組み合わせは10組あるので，20番目までならべたとき，使ったおはじきは全部で，

$$84 \times 10 = 840（個）$$

となります。

答え　840個

求め方は上のようになります。

類題 p.20, p.53

20 もようをかいた立方体　　　　p.89

右の図のように，立方体のちょう点にア〜クの記号をつけて考えるとわかりやすくなります。

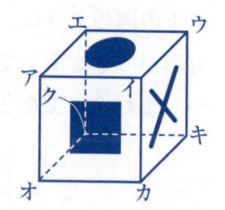

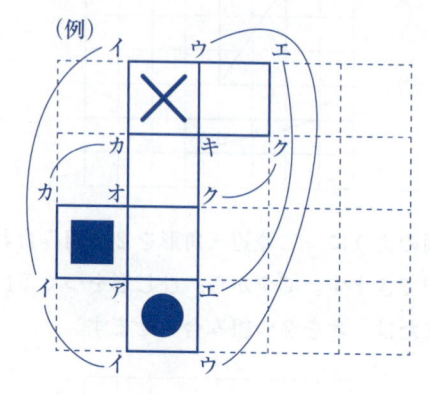

答え　上の図のようになります。

類題 p.29, p.58

21 箱のてん開図　　　　　　　　p.90

さいころの形は面が6つあります。　のようになるのは矢印がかかれた面と向かい合う面，残りの4つの面は，　のようになります。面や辺のつながりに注意して考えます。

答え

類題 p.30, p.41

22 路線図　　　　　　　　　p.91

○の数が7つ，A̲（エー）から出ている線が3本，B̲（ビー）から出ている線が3本であることに注意してかきます。

答え　（例）

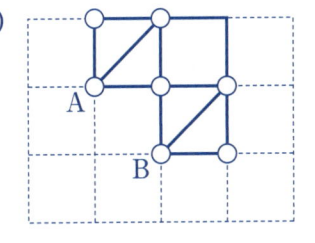

類題 p.18, p.56

23 点の道すじ　　　　　　　p.92

下の図のように，正三角形アイウは点ウを中心にして①から②まで回ります。同じように，③〜⑧まで動いて最後に①の位置にもどるので，点アは下の図のような線をえがきます。

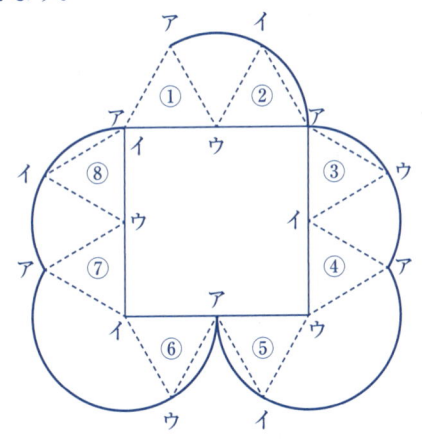

答え　上の図のようになります。

類題 p.24, p.64

24 積み重ねた積み木　　　　p.93

(1) 上から見るとたてに4個，横に4個ならんでいるので，いちばん下のだんには，

$$4 \times 4 = 16（個）$$

の積み木があります。

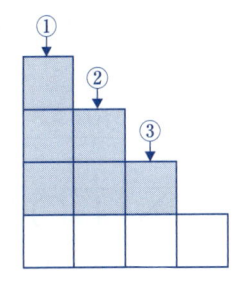

　正面から見ると，右の図のようになるので，積み木の数をいちばん少なくするには①の部分で3個，②の部分で2個，③の部分で1個の積み木を使えばよいとわかります。ですから，積み木の数は，

$$16 + 3 + 2 + 1 = 22（個）$$

(2) 右の図の①を㋑の列，②を㋺の列，③を㋩の列に積むと (1) の積み方になります。このとき，横から見るとたてに4個ならんだ列は1つしかないので㋡が正しくないとわかります。

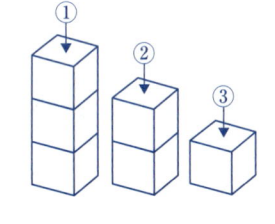

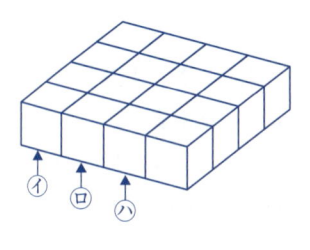

　㋐，㋒，㋔のように見えるのは，それぞれ次のような積み方をしたときです。

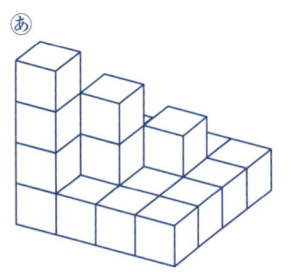

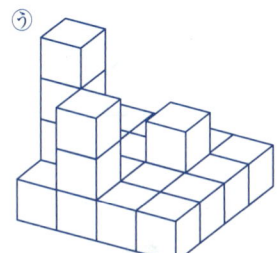

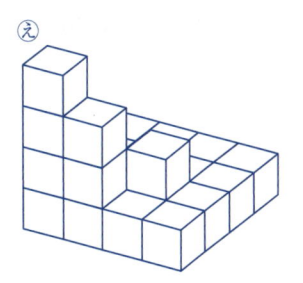

答え　（1）22個　（2）㋡

類題 p.33, p.67

25 重なる図形は？　　　　　　　　　p.94

①のところと重なるのは，下の図の②～⑥のかげをつけたところです。

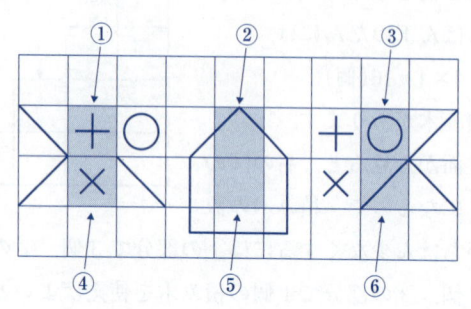

まず，3つに折ったときに①と重なるのは，②と③ですから，①のところは下の図のように見えます。

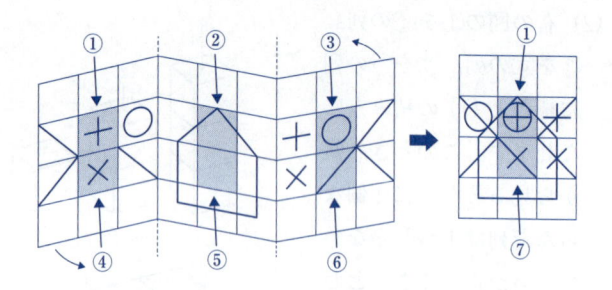

このとき，④のところに，⑤，⑥が重なるので，⑦のように見えます。

次に，2つに折ったときに①と重なるのは⑦ですから，①のところは下の図のように見えます。

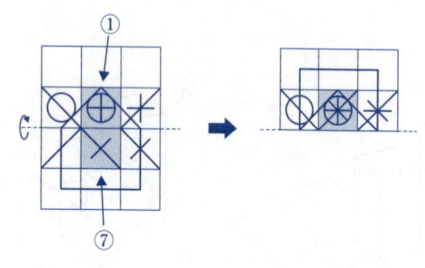

ですから，あとなります。

答え　あ

類題 p.26, p.47

26 立方体に色をぬろう　　　　　　　　p.96

立体を上から4だんに分けて考えます。次に立方体の色をぬられた面の数をその中に書きこんでいきます。

・上から1だん目にある，立方体の色をぬられた面の数

3	2	2	3
2	1	2	3
2	2		
3	3		

・上から2だん目にある，立方体の色をぬられた面の数

2	1	1	2
1	0	1	2
1	1		
2	2		

・上から3だん目にある，立方体の色をぬられた面の数

2	1	1	2
1	0	0	1
1	0	1	2
2	1	2	3

・上から4だん目にある，立方体の色をぬられた面の数

3	2	2	3
2	1	1	2
2	1	1	2
3	2	2	3

これらの表をもとに数えると，答えのようになります。

答え　（1）　10個
**　　　（2）　24個**
**　　　（3）　4個**

類題 p.36, p.62

27 箱の形をつくろう　　　　　p.97

(1) 1辺がひご4本の正方形をつくるには，右の図のように，ねん土玉は，たてに5個，横に5個で，

$$5 \times 5 = 25（個）$$

使います。

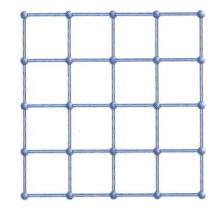

この正方形を右の図のように5つならべると，1辺がひご4本の立方体ができるので，ねん土玉は全部で，

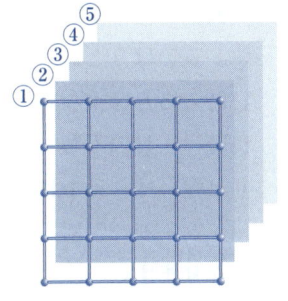

$$25 \times 5 = 125（個）$$

使います。

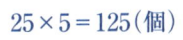

(2) (1)より，1辺のひごの本数，1辺のねん土玉の個数，ねん土玉の合計個数の関係を表にすると，下のようになります。

1辺のひごの数(本)	1	2	3	4	…
1辺のねん土玉の数(個)	2	3	4	5	…
ねん土玉の合計数(個)	8	27	64	125	…

これより，ねん土玉の合計個数は，

$$\left(\begin{array}{c}1辺のねん\\土玉の個数\end{array}\right) \times \left(\begin{array}{c}1辺のねん\\土玉の個数\end{array}\right) \times \left(\begin{array}{c}1辺のねん\\土玉の個数\end{array}\right)$$

で求められることがわかります。

ねん土玉を216個使ってできる立方体の1辺のねん土玉の個数を6個とすると，

$$6 \times 6 \times 6 = 216（個）$$

となり，問題に合います。

表より，1辺のひごの本数は1辺のねん土玉の個数より1つ少ないので，ねん土玉を216個使ってできる立方体の1辺のひごの本数は，

$$6 - 1 = 5（本）$$

となります。

ここで，1辺のひごの本数と，大きい立方体の中にできる1辺がひご1本の立方体の個数との関係を表にすると，下のようになります。

1辺のひごの数(本)	1	2	3	4
大きい立方体の中にできる1辺がひご1本の立方体の数(個)	1	8	27	64

これより，大きい立方体の中にできる1辺がひご1本の立方体の個数は，

$$\left(\begin{array}{c}1辺の\\ひごの本数\end{array}\right) \times \left(\begin{array}{c}1辺の\\ひごの本数\end{array}\right) \times \left(\begin{array}{c}1辺の\\ひごの本数\end{array}\right)$$

で求められることがわかります。

ですから，

$$5 \times 5 \times 5 = 125（個）$$

となります。

　　　答え　（1）　125個

　　　　　　（2）　125個

　　　　　　　　　　　　　　類題 p.27, p.59

28 はり合わせたさいころ　　　　p.98

1つのさいころの向かい合う面の目の数の和が7になることと，はり合わせた2つの面の目の数の和が8になることから，はり合わせてある面の目の数を考えていきます。

正面，上，横から見た目の数を考えて，さいころを少しはなして面の目の数を表すと，下のようになります。

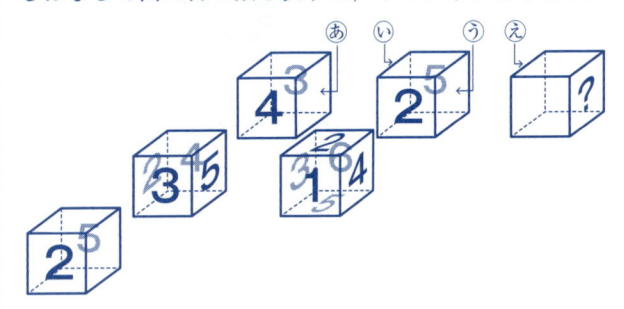

あは1，2，5，6のいずれかですが，あといの和が8になるので1，6ではありません。

あが2とすると，いが6，うが1となり，うとえの和が8にならないので，あは5とわかります。

すると，いは3，うは4，えは4とわかり，？は3になります。

　　　答え　3

　　　　　　　　　　　　　　類題 p.32, p.60

29 ◻は何個？　　　p.99

上，正面，横から見ると問題の図のようになるのは，下の図のようにならべたときです。

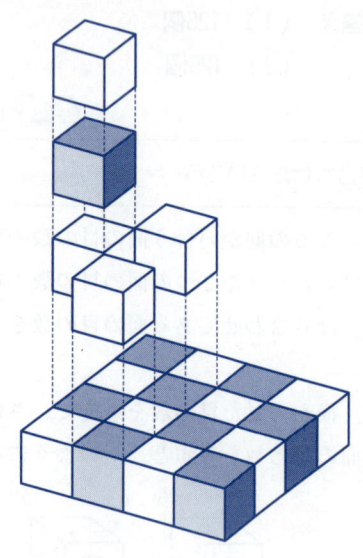

ですから，◻は12個使っています。

答え　12個

類題 p.34, p.63

30 時計のはりの角度　　　p.100

(1) 時計の長いはりのほうが短いはりよりも速く動くので，長いはりと短いはりが30度になるのは，

　　あ 長いはりと短いはりが重なる前

　　い 長いはりと短いはりが重なったあと

の2通りがあります。

　　長いはりは1時間で1周するので，1日で24周します。長いはりと短いはりは1時間に1回重なりますが，11時のときは重なる前に12時になるので重なりません。11時は1日のうち午前と午後で2回あるので，長いはりと短いはりは1日の間に，

　　　24−2＝22(回)

重なります。

　　よって，1日の間に長いはりと短いはりが30度になるのは，

　　　22×2＝44(回)

となります。

(2) 1分で長いはりは，

　　　360÷60＝6(度)

短いはりは，

　　　360÷12÷60＝0.5(度)

進むので，長いはりと短いはりは1分間に，

　　　6−0.5＝5.5(度)

近づきます。

　　あ 2時のとき短いはりは，長いはりに対して60度進んでいるので，2時1分のときの角度は，

　　　　60−1×5.5＝54.5(度)

　　い 3時のとき短いはりは，長いはりに対して90度進んでいるので，3時5分のときの角度は，

　　　　90−5×5.5＝62.5(度)

　　う 10時のとき長いはりは，短いはりに対して60度進んでいるので，9時58分のときの角度は，

　　　　60−2×5.5＝49(度)

ですから，角度が小さい順にう，あ，いとなります。

答え　(1)　44回

　　　　(2)　(小さい順に)

　　　　　　　う→あ→い

類題 p.25, p.65

チャレンジ

1 4まいの紙　　　　　　　　p.102

（求め方の例）

　下の図のように，1辺が5cmの正方形の面積を求めればよいのですから，

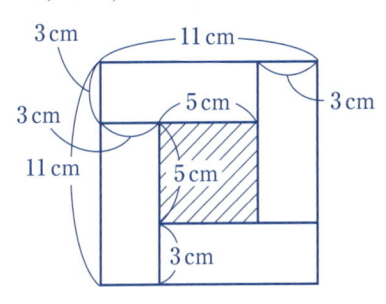

$$5 \times 5 = 25 (cm^2)$$

答え　25cm²

2 組み合わせると？　　　　　p.103

　4つの形を組み合わせてつくることができる図は，たとえば下のような形です。

（例）

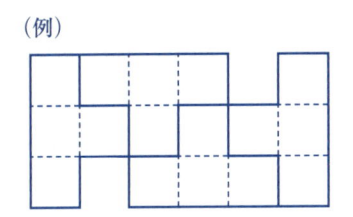

答え　上の例のようになります。

3 三角形の組み合わせ　　　　p.104

(1)　2つの合同な図形の同じ長さの辺どうしを合わせると平行四辺形ができます。三角形の辺の数は3本なので，組み合わせ方は3通りです。

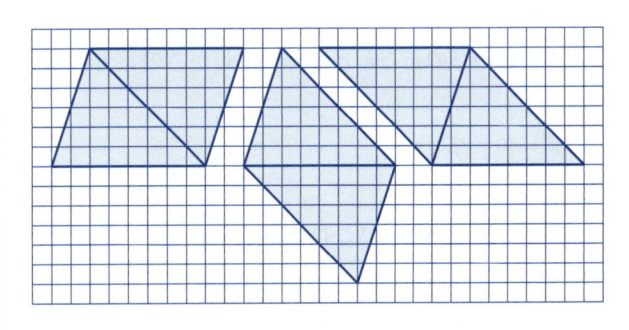

(2)　ぬいしろをつけた三角形の布を，下の図のように2まい合わせると，たて9cm，横6cmの長方形になります。

　この長方形は，たて36cm，横24cmの布の上に，
　　たてに 36÷9，横に 24÷6
ならぶので，三角形の布は最大で，
　　$(36÷9) \times (24÷6) \times 2 = 4 \times 4 \times 2 = 32$（まい）
とれます。

答え　（1）　上の図のようになります。
**　　　（2）　32まい**

4 長方形と正方形　　　　　　　p.106

　あの長方形のたてと横を下の図のように△，□とすると，③の正方形の1辺が□ですから，⑩の長方形のたてと横は△，△＋□となります。

　このとき，できた大きな正方形の中でかげをつけた部分は，1辺が△の正方形となり，1辺が△の正方形の面積は，

$$65 - 40 = 25 (cm^2)$$

です。

　ですから，△＝5(cm)とわかります。

　⑩の長方形の面積は65cm²ですから，

$$△ + □ = 65 \div 5 = 13 (cm)$$

とわかり，あ，⑩，③をならべてできる正方形の面積は，

$$13 \times 13 = 169 (cm^2)$$

です。

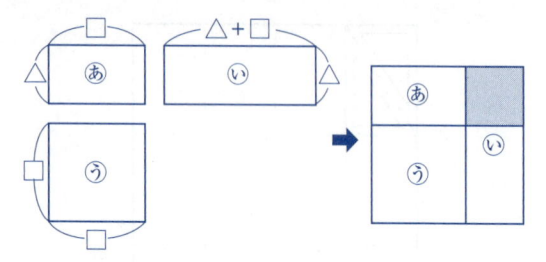

答え　169cm²

5 市松もよう　　　　　　　　　p.107

(1) 直角三角形ABCと直角三角形CDAは，形も白黒のもようも同じ直角三角形です。

　長方形ABCDで，黒い部分の面積は白い部分の面積より，黒い正方形1つ分，つまり1cm²大きいので，直角三角形ABCでは，黒い部分の面積は白い部分の面積より，

$$1 \div 2 = 0.5 (cm^2)$$

大きくなります。

(2) 直角三角形ABCの面積は，

$$9 \times 7 \div 2 = 31.5 (cm^2)$$

だから，白い部分の面積は，

$$(31.5 - 0.5) \div 2 = 15.5 (cm^2)$$

黒い部分の面積は，

$$15.5 + 0.5 = 16 (cm^2)$$

となります。

答え　（1）　黒い部分が0.5cm² 大きい

**　　　　（2）　黒い部分…16cm²**

**　　　　　　　　白い部分…15.5cm²**

6 3人の家の間のきょり　　　　p.108

　右の図のように，3人の家の間のきょりをそれぞれあ，⑩，③とします。

$$あ + ③ = 240 (m)$$
$$③ + ⑩ = 260 (m)$$
$$⑩ + あ = 220 (m)$$

ですから，全部をたすと，あ＋③＋③＋⑩＋⑩＋あは，

$$240 + 260 + 220 = 720 (m)$$

となります。

　あ＋③＋③＋⑩＋⑩＋あは，

あ＋⑩＋③＋あ＋⑩＋③ですから，

あ＋⑩＋③は，

$$720 \div 2 = 360 (m)$$

とわかります。

　あ＋⑩＋③＝360(m)で，あ＋③＝240(m)ですから，⑩は，360－240＝120(m)です。

　あ＋⑩＋③＝360(m)で，③＋⑩＝260(m)ですから，あは，360－260＝100(m)です。

　あ＋⑩＋③＝360(m)で，⑩＋あ＝220(m)ですから，③は，360－220＝140(m)です。

答え　（3人の家の間のきょり）

**　　　せいじさん－みかさん…100m**

**　　　みかさん－ことねさん…140m**

**　　　ことねさん－せいじさん…120m**

7 正方形の面積　　　　　　　　p.109

(1) 右の図のように, 真ん中の小さ
い正方形と, そのまわりの4つの
直角三角形を合わせると, (1)にひ
いた線を1辺とする正方形の面積
になります。

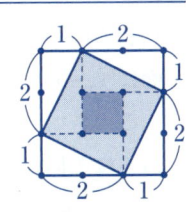

　真ん中の小さい正方形の面積は,
　　$1 \times 1 = 1 (cm^2)$
　直角三角形は4つあるので,
　　$2 \times 1 \div 2 \times 4 = 4 (cm^2)$
　2つを合わせると,
　　$1 + 4 = 5 (cm^2)$

(2) (1)と同じように考えま
す。真ん中の正方形の面
積は,

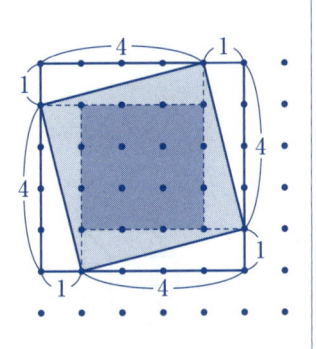

　　$3 \times 3 = 9 (cm^2)$
　4つの直角三角形の面
積は,
　　$4 \times 1 \div 2 \times 4 = 8 (cm^2)$
　2つを合わせると,
　　$9 + 8 = 17 (cm^2)$

答え （1）　5 cm²
**　　　（2）　17cm²**

8 立方体の色ぬり　　　　　　　　p.110

大きい立方体を上から5だんに分けて考えます。次に,
小さい立方体の色をぬられた面の数をその中に書きこん
でいきます。

・上から1だん目にある小さい立方体の色をぬら
れた面の数

5

・上から2だん目にある小さい立方体の色を
ぬられた面の数

2	4
4	

・上から3だん目にある小さい立方体の色
をぬられた面の数

2	1	4
1	3	
4		

・上から4だん目にある小さい立方体
の色をぬられた面の数

2	1	1	4
1	0	3	
1	3		
4			

・上から5だん目にある小さい立方
体の色をぬられた面の数

3	2	2	5
2	1	1	4
2	1	4	
2	4		
5			

これらの表をもとに数えると, 答えのようになります。

答え　1つの面…9個
**　　　2つの面…9個**
**　　　3つの面…4個**
**　　　4つの面…9個**
**　　　5つの面…3個**

9 直角三角形をつくろう　　　　p.111

右の図のように，正方形1個で1cm²，正方形2個分で2cm²です。

これらを半分にすると，面積が0.5cm²や1cm²の直角三角形をつくることができます。

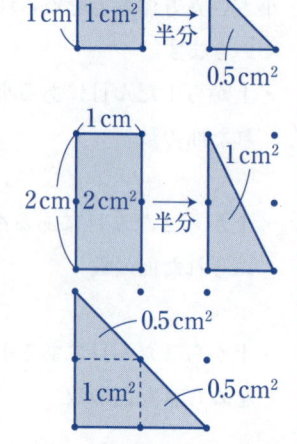

(1) あの直角三角形の面積は，右の図のように，

$$1+0.5+0.5=2(cm^2)$$

です。

面積が2cm²でない直角三角形をつくればよいのですから，下の図のような直角三角形が考えられます。

（例）　　　　　　　（例）

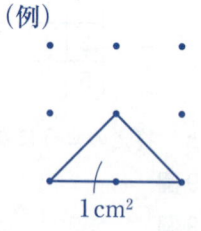

0.5cm²　　　　　　1cm²

（例）

1cm²

(2) 面積が0.5cm²や2cm²の直角三角形は，それぞれ同じ形になってしまうので，面積が1cm²の直角三角形を考えます。

たとえば，下の図の2つの直角三角形は，どちらも面積は1cm²ですが，形がちがいます。

（例）　　　　　　　（例）

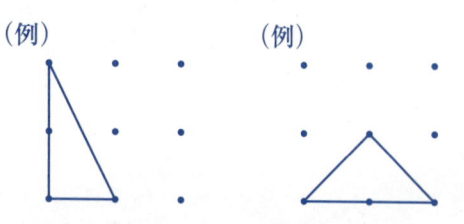

答え　（1）（2）　上の例のようになります。

10 さいころを転がす　　　　　　p.112

(1) 右の図のように，さいころの面に①～⑥の番号をつけます。

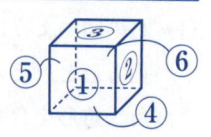

このさいころを右，左，手前，おくに1回転がすとそれぞれ下の図のようになります。

右　　　　左

手前　　　おく

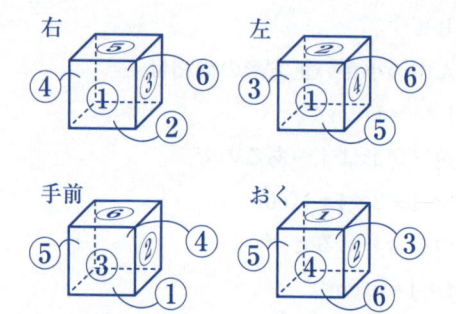

1周転がすときには右に2回，手前に3回，左に2回，おくに3回転がすので下の図のようになります。ですから，さいころの下の面の数は，3となります。

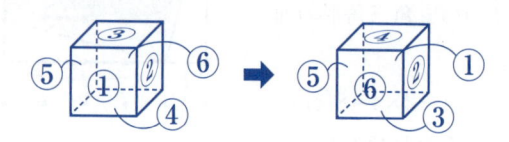

(2) (1)から，1周進むと上の面と下の面の数が反対になります。もう1周すると元にもどります。ですから，2周ごとに下の面の数は元の4になります。100周は，

$$100÷2=50$$

で，2でわり切れるので，下の面の数は4となります。

答え　（1）　3

**　　（2）　4**